世界一簡単!

70歳からのスマホの使いこなし術

スマホ活用アドバイザー
増田由紀

アスコム

日本で1番高い山は、富士山。
ですが、
日本で4番目に高い山はなんでしょう？

はじめまして。増田由紀と申します。

千葉県浦安市で、2000年よりパソコン教室を開業し、現在はスマートフォン（スマホ）講座が多めの教室をやっています。生徒さんはみなシニアの方々で、最高齢は90代です！

教室での授業のほか、全国の自治体や企業のセミナーでお話しする機会も多く、**これまでにスマホの使い方をお教えしたシニアの方の人数は、1万5000人**を超えます。

その経験から言えるのは、**70歳を超えた方こそスマホを使うべき**、ということ。

冒頭の質問の答えが気になるかもしれませんが……なぜ、そう断言できるのか、お話をさせてください。

まず、**70歳を超えてからスマホを使うと、人生にワクワクするような変化が訪れます。**そんな大げさな、と思われるかもしれません。でも、実際に何人もの生徒さんが変わっていく様子を、20年以上、私は目の当たりにしてきました。

70代のA子さんは、60代後半にご主人をがんで亡くされました。そのご主人の遺言が「お前も増田先生の教室に通いなさい。これからは自分でできるようにね」だったのです。ご主人は私の生徒さんでしたが、A子さんは病室でご主人のスマホが鳴っても怖くて触れない、というくらい、スマホは苦手でした。

でも、「主人の遺言ですので」、とスマホ教室に通ってくださり数年。今や、スマホ講習会でアシスタントとして、私たち講師のお手伝いをしてくださるほどに上達されました。

スマホで電話ができるようになったのはもちろんですが、**以前はご主人に頼っていたことにも、お一人でどんどん挑戦をされています。**

「スマホで写真を撮ったら、肌をちょっぴりきれいに〝加工〟してお友だちに送っています。そうすると、みなさんに喜んでもらえるんです。今の私を主人が見たら、きっとびっくりすると思いますよ（笑）」

と、おっしゃっていました。

そして、70歳からのスマホをおすすめする、もう一つの理由は、**「スマホは頼れる相棒」**だからです。

年齢を重ねたり、現役を退いたりすると、どうしても人間関係や行動範囲が狭まりがちです。また、以前のように気力や体力が続かないこともあります。それから、教室の生徒さんがよくおっしゃるのは「私たち、いろいろ忘れて、困るのよ」ということ。

60代までは、さほど感じなかったこうした「変化」を助けてくれる機能が、スマホには数えきれないほど入っています。

とはいえ、

「スマホは持っているけど、全然使いこなせていない」

そうしたお気持ちもよくわかります。

でも、「使いこなす」って、どういうことでしょうか？　たくさんの機能を知っていて、何を聞かれてもたいていのことは答えられることでしょうか？　でも、それってあなたの生活に本当に必要でしょうか？　私が思う「使いこなす」とは、

- **自分のやりたいことが**
- **自分のペースで**
- **自分一人でできる**

ということです。私は、そう生徒さんにお伝えしています。**使いこなすとは、難しいことをたくさん知っていることじゃありません。**

「スマホでやりたいことは？」と言われてもピンと来ないかもしれませんので、この本では、まず日常の場面を思い浮かべてもらい、そこでこんな使い方ができますよ、という順番でお伝えしていきます。

例えば、小学生のお孫さんに**「日本で4番目に高い山ってなに？」**と聞かれたとします。どうやって調べますか？（すでにご存じの方もいるかもしれませんが）

図書館に行って日本地理の本を探してもよいですが、わざわざ調べに行くのも大変ですよね。お孫さん、あなたを見つめて返事を待っています。

登山が趣味のお知り合いに聞いてもよいですが、今すぐ連絡がつかないかもしれないですし、答えを知っているとも限りません。

そうこうしているうちに、お孫さんは質問したことすら忘れて、ゲームを始めそうです。

こんなときこそ、スマホです。**スマホで、「日本で4番目に高い山」と「検索」すればよいのです。**（答えは、70ページにあります。「検索」のやり方もあります）

答えが、スマホの小さな画面に一瞬で表示されます。

「すごい！」お孫さんのそんな声が聞こえてきそうです。

こんなふうに、ご自分の生活に当てはめることで、スマホを使う場面がより具体的にイメージでき、「私なら、こんな使い方もできそう」と、どんどんやりたいことが思い浮かんでくるでしょう。

では、少し練習してみましょう。

質問 **週末、日光に行こうと思い立ったあなた。交通機関や、おすすめの観光スポットを調べたいのですが、本屋さんにガイドブックを買いに行く時間がありません。この問題を、スマホが解決してくれます。さて、どうしたらよいでしょうか？**

答えは、先ほどの「日本で4番目に高い山」のときと同様、スマホで「検索」をしてみる、です。「日光観光」なんていうキーワードがいいでしょう。

そうすると、日光市が出している公式の観光情報はもちろん、「このレストランで湯葉を食べたらおいしかった」なんていう、個人の体験談も見つけられます。それらを見ているうちに、週末の旅行本番への期待が、どんどん高まっていくことでしょう。

さて、もう1問いってみましょうか。

質問 **スーパーで買った毛染め剤。乾いた髪につけるのか、シャンプーのあとなのか？ 何分置けばいいのか、毛染め剤の容器に書いてある文字が小さくて読めません。この問題を、スマホが解決してくれます。さて、どうしたらよいでしょうか？**

この問題の答えは、この本のどこかにありますので、ぜひ読み進めながら見つけてみてください。（ヒントは、第2章の中です）

「説明が小さくて読めない……」も、
スマホがあっさり解決

そして、この本でご紹介するスマホの操作法は、とにかく**「簡単に、わかりやすく」することを心がけました。**

世の中に数ある「わかりやすいスマホの操作本」の多くが、あまりわかりやすくないと私は感じています。それは、「スマホの操作に詳しい人」が書いているからだと思っています。

1万5000人のシニアの方々と一緒にスマホを操作してわかったのは、

- **シニア世代特有の、わからないと感じるポイントがある**
- **スマホの操作に詳しい人は、それに気づいていない**

ということです。

スマホ操作に慣れた人にとって「え、そんな当たり前のこと、説明が必要なの？」

という箇所が、実はシニア世代のつまずきの原因だったりするのです。

「簡単に、わかりやすく」というのは、**操作を途中であきらめずに続けられるのはもちろん、「私にもできるんだ！」という自信につながる、とても大事な部分**です。

操作のページでは、そのポイントを外さないように心がけたので、「わかりやすい」と思っていただけるはずです。

人生経験が豊富なあなたは、多くのことは経験済みでしょう。

でも、スマホは数少ない未知の、そして、今日できなかったことが明日にはできるようになっている、そんな世界です。

そしてその世界は、あなたがその気になれば、いつでも自由に味わうことができるのです。

毎日の生活に楽しみが1つ、増えたと思いませんか？

世界一簡単！　70歳からのスマホの使いこなし術　目次

プロローグ

第1章 スマホはこれからの人生の相棒

第2章 70代、80代だからできるすごい使い道

第3章

解決！スマホの困りごとあるある

第4章 いつも手のひらにスマホを

注意事項

・本書の掲載情報は、2024年4月時点のものです。提供側の都合等で、販売や配信が中止されたり、内容が変更されたりすることがあります。
・本書で紹介した製品やアプリ、サービス等の利用により起きた損害等については、一切責任を負いません。ご理解いただいた上、ご利用ください。
・本書に関するユーザーサポートは行っていません。また、利用相談にも応じていません。各製品やアプリ、サービス等の提供者や販売会社等にお問い合わせください。
・本誌で取り上げている製品、アプリ、サービス、ウェブサイトは固有の商品名または商標登録です。
・QRコードは株式会社デンソーウェーブの登録商標です。
・機種やOSのバージョン、設定などによっては、画面の表示内容等が、本書に掲載したものと異なる場合があります。
・本書で使用しているスマートフォンは、iPhone15、Google Pixel 4a です。

第1章

スマホはこれからの人生の相棒

スマホがあれば、毎日がこんなに楽しくなる！

「スマホがあれば、好きなときにいつでも、ニュースが見られるようになります。今、世の中でなにが起こっているのかを知るために、スマホはとっても役に立つんですよ」

あるとき、スマホ教室で私がそうお話しすると、

「私はいつもテレビでニュースを見ています。それで世の中のことはだいたいわかるから、**別にスマホじゃなくても、いいんじゃないですか？**」

と、ある80代の女性の生徒さんがおっしゃいました。そこで私が、

「でも、Kさん、テレビでニュースを見るなら、決まった時間にテレビの前にいる必要がありますよね？　スマホなら、時間を気にせず、家にいなくてもニュースを見られますよ」

と、付け加えました。すると、Kさんは、

「いつも家にいますし、時間ならいくらでもありますよ」

さらに、

「いったい世の中の人は、いつもいつもスマホでなにを見ているのかしら？」

と怪訝なご様子。


私は、その方がソシアルダンスを習っていたことを思い出し、

「Kさん、ソシアルダンスの先生でお好きな方はいますか？　**その先生のダンスが、いつでも好きなときに、好きなだけ手元で見られる**としたらいかがですか？」


そう尋ねてみると、Kさんは目を丸くして、

「えっ、そんなこと、できるんですか!?」

と、とたんに身を乗り出してきたのです。

そこで、私がその先生の動画をスマホで「検索」し（お願い！　出てきて‼）、Kさんにお見せしたところ――、

「まー！　すごい！」と、感嘆の声を上げました。

好きなことじゃないと人の心は動かないもんだな、と学んだ一件でした。

その生徒さんですが、今はソシアルダンスの動画だけでなく、大好きなフィギュアスケートの動画もご自分でスマホで探して楽しんでいます。

「これまでは、やることがなくて時間を持て余すこともありましたけど、スマホで好きなことを見始めたら、楽しくて。今度はこれを見よう、あれを見ようと、**見たいものをどんどん思いつくので、いくら時間があっても足りないくらいですよ**」

こんなふうにおっしゃっています。

70歳からこそ「人生のモテ期」

「こんなおばあちゃんにスマホはできない、というイメージがあるみたい。**そのぶんちょっとしたことでもすごい！　って言われることが多いの**」

そうおっしゃる70代のMさん。お孫さんは小学校3年生で、最近スマホを持ち始めたそう。今の若い人や子どもたちは、生まれたときからスマホやパソコンがある世代。「スマホを触るのが怖い」という感覚はなさそうですが、だからと言って最初から操作に詳しいわけではありません。

この生徒さんのお孫さんもよく、「おばあちゃん、これどうやるの？」と聞いてくるそうです。

「これはね……と、教えてあげると『ママに聞いてもわからないって言うのに、おばあちゃんすごいね！』とほめてくれるんです。お嫁さんも、『お義母さん、さすがですね。

私にも教えてください』って頼りにしてくれるもんだから、ちょっといい気分になっちゃいます」

年齢を重ねると、「お母さんには大変だと思うから、やってあげるね」とか、「おじいちゃんは休んでいていいよ」とか言われる機会が増えるのではないでしょうか。**気遣ってくれるのはありがたいけれど、なんだか家族や周りの人のお荷物になっているようで、さみしいような、申し訳ないような……。**

でも、スマホを使っている方たちは違います。

というより、スマホのおかげで変わった、と言うほうが正確かもしれません。これまで例に出した生徒さんたちもそうですが、スマホを使っているシニアの方は一様に、

●子や孫に頼られる

●世代に関係なく共通の話題で盛り上がれる

●同世代の人から一目置かれる

というように、**周りの人のお荷物どころか、人生最大の「モテ期」が到来している**
のです。

スマホを使わない

気遣いはありがたいけど……ちょっとさみしい

スマホを使う

子や孫に頼られる、盛り上がる!

スマホがこれからの「人生の相棒」の理由

問題です。スマホにある機能は、どれでしょうか?

①もの忘れ防止機能
②膝が痛くても遠方の会合に参加できる機能
③周りの人と交流を絶やさない機能

小さなスマホの中には、膨大な機能が詰まっています。その中で、特に「これは助かる!」と生徒さんたちに大好評なのが、「**①もの忘れ防止機能**」です。

といっても、**スマホの中に「もの忘れ防止」と書いてある機能があるわけではありません。いくつかの機能が、もの忘れ防止にもってこい**、ということです。具体的に

どうしたらよいのかは、2章でお伝えしますが、スマホのもの忘れ防止機能によって、

- ショッピングセンターの駐車場で、どこに車を停めたか思い出せない
- カレンダーに書いていたのに、病院の予約を忘れてしまった
- 次会うときに、あの人に聞こうと思っていた、あれ、なんだったかしら……

こんなことが、解決できるのです。

「私たち、いろいろ忘れるから困るの」

生徒さんがよく、こんなことをおっしゃいますが、スマホを使うようになると、「年だから、忘れても仕方ないわね」で、あきらめることがなくなります。

スマホは、いろいろ忘れてしまう世代の、頼れる相棒なのです。

それから、**体が痛かったり、体調が悪かったりして、出かけられないときもスマホが相棒としての力を発揮します。**

かわいいお孫さんが結婚することになった、80代の女性のUさん。両家の顔合わせ会場まで、電車を乗り継いで行かなければなりません。Uさんの膝が前から悪いのを知っているお孫さんは、「おばあちゃんには、あとで写真を送るね。電話もするね」と言ってくれたのですが、「**ぜひ、私も参加させてね**」と、答えたUさん。

そして当日。少しおしゃれをして、スマホの「**ビデオ通話**」を使って、顔合わせに出席されました。お孫さんが喜んだのはもちろん、「80代で、『オンライン参加』されるとは思ってもみませんでした」と、お孫さんのご主人も、そのご家族もとても驚いたそうです。

「ビデオ通話のやり方のレッスンを受けたから、**ドキドキせずに一人でも参加できたの。練習しているってすごいわね。ほんと、うれしいわ**」

と、後日、そうお話ししてくださいました。

「②膝が痛くても遠方の会合に参加できる機能」もあるということですね。

会社勤めをしていた頃は、たくさんの同僚や部下に囲まれて過ごしていた方も、**引退すると交友範囲が狭まってしまう、**なんていうことがあります。

90代の男性のNさんもその一人です。それでも、町内会でリーダーを務めるなど、周りの人との交流を意識的に絶やさないようにしていたのですが、少し前に入院されてからは、それも難しくなってしまいました。

実は、入院中にNさんの誕生日があったのですが、同じスマホ教室の生徒さんたちが示し合わせて、スマホで次々にメッセージを送ったのです。するとすぐに、

「この年になると誕生日を祝われることも少ない。それに入院中なのに、こんなにたくさんの人に覚えていてもらって、なんだかうれしいです。元気が出てきました。ありがとう」

と、病室からメッセージを返してくれました。

若い頃に比べて交流が少なくなったり、途絶えがちになったりするのは、ご本人にとっても、周りの人にとっても、退屈だったり、不安だったりするでしょう。一人暮らしの場合は、なおさらだと思います。

でも、スマホを使えば、**たとえその場で会えないとしても、いつまでも交流を絶やさずに、いつでも誰かとつながることができるのです。**

もうおわかりですね。これは、「③周りの人と交流を絶やさない機能」。

つまり、最初に挙げた3つの機能、すべてがスマホにはあるのです。

スマホは人生の相棒！

スマホの「使い道」がわかれば、ちゃんと使いこなせる

「スマホは持っているけど、全然使いこなせてなくて」

使いこなせていない、とおっしゃる70代のJさんですが、スマホで電話はできるし、メッセージも写真を付けて送れる、今日の天気予報も、電車の時刻表も調べられるし、ラジオだって聞けます。**なにをおっしゃるウサギさん！**　と言いたいです。

私から見れば、十分に使いこなしていると思うのですが、ご本人によれば、

「だって、増田先生みたいに、いろいろな機能が使いこなせていない」

そうなのです。

私がいろいろな機能を使えるのは、**スマホの先生**だからです……。

シニアの方とのお付き合いが長くなると、**「スマホをなかなか使いこなせない」と、**

うったえる生徒さんが意外に多いことに気づきます。

でも、「使いこなす」というのは、あなたにとって、どんなイメージなのでしょうか？

「操作を覚える」ことだと思っていませんか？　でも、はっきりお伝えしたいのは、それが「使いこなす」ではないということ。

スマホを使いこなそうと、この本を手に取ってくださったあなたは、きっとまじめな方だと思います。ちゃんと覚えなきゃ、勉強しなきゃ、と思っていませんか？もしかしたら、すでにスマホの使い方の本を読んで、でもやっぱりなんだかわからない、と感じているのかもしれませんね。

その理由は、**「使い方」を覚えても、「使い道」と結びついていないから。**

例えば、スマホには「カレンダー」の機能があります。

カレンダーの使い方を覚えても、「日にちを見るだけなら壁のカレンダーで足りるし、特に書くような予定もないし……だからスマホのカレンダーは使わない」。

つまり「使い道がないから使わない」ということになってしまいます。

でも、実はスマホのカレンダーは、「もの忘れを防止する」のにもってこいなのです。

この**「使い道」を知ることこそが、スマホを使いこなす**、ということにほかなりません。

使い方を覚えようとしなくて大丈夫です。

それより自分に向いた使い道を見つけましょう。使い道が決まったら、それに必要な機能だけを覚えればＯＫです。２章以降では、役に立ったり、楽しくなったりする使い道のヒントを一緒に見ていきましょう。

きっとあなたにぴったりのものが見つかりますよ。

「この前はちゃんとできたのに」から「いつもちゃんとできる」に

息子さんに操作を教えてもらったときはちゃんとできたのに、いざ自分一人でやろうと思ったらわからない。そんな経験がある方も多いはず。

「できる」ときと「できない」ときのムラがあってイライラしたり、振り回されたりすると「ああ、使いこなせていないなあ」と感じることもあるでしょう。

何かあったらどうしようと、こわごわ触って、「もっと気楽に使えたらなあ……」と感じることもあるでしょう。

でもスマホは、あなたをイラつかせる相手でもなく、機嫌を損ねないように付き合う**「ご主人様」でもありません。あなたの頼れる「相棒」**と思ってください。

それに、スマホは、ちょっとしたことでは壊れませんし、何か押したら爆発するなんていうこともありませんので、ぜひいつも手元に置いて、たくさん触ってください。

最初は、操作に少し時間がかかるかもしれませんが、**いつまでに覚えなくてはいけないという「期限」も、できたかどうかの「査定」も、やらなくてはならない「課題」もありません。**

好きなときに、ご自分のペースで練習していけばよいのです。

人間の相棒だって、最初からすぐに信頼関係が築けるわけではありませんよね。スマホも同じです。手元に置いて、頼りにすればするほど、あなたの期待に応えてくれるようになります。

使い続けるうちに、「スマホがいつもちゃんとできる」という感覚に変わっていきますよ。

令和の〝源平合戦〟！ iPhone 対 Android

あなたがお使いのスマホは、なんですか？

「息子さんにもらったスマホ」ですか？　間違いとは言えませんが……。
なんのスマホですか？　と聞かれたときには、ぜひこう答えてください。

「**iPhone（アイフォーン）です**」

あるいは、

「**Android（アンドロイド）です**」

スマホは大きく、iPhoneとAndroidの2つに分けられます。どちらか見分けるのはとても簡単で、**スマホの背中に「リンゴのマーク」がついていればiP**

hone、ついていなければAndroidです。

両者は、令和の源平さながらの二大陣営で、しのぎを削っています。iPhoneは「アップル社」だけが作っていて、Androidは複数の会社が作っています。

どっちがいいのか？　ということですが、

●パックツアーがお好きならiPhone

●個人旅行がお好きならAndroid

がおすすめです。

デザインはこれ、機能はこれ、使い方はこれ、と、製造元のアップル社が「これがいちばんいいだろう」とまとめてパック売りにしてくれているのがiPhone。

Androidは複数社がそれぞれのこだわりを持って

スマホの二大陣営

iPhone	アップル社だけが製造	どの iPhone でも画面の絵柄（アイコン）が同じ
Android	複数の会社が製造	機種によって画面の絵柄（アイコン）が異なる

作っているため、デザインも機能も使い勝手もバラバラで個性的。自ら設定しながら個々のオリジナルの好みを反映することもできる、いわば「個人旅行」スタイルです。

どちらがいいのか、ということですが、シニアの方に限って言うなら、私はiPhoneに軍配を上げています。理由は何といっても、どのiPhoneでも、画面の**絵柄（アイコン）が同じだから。**

一度絵柄を覚えれば、スマホを買い換えても同じ絵柄があるので、操作に迷いませんし、新しく覚える必要もありません。

一度覚えてしまえば、それが一生使える知識になります。

Androidは、機種によって絵柄も使い勝手も異なります。もし家族全員がAndroidでも、同じメーカーの同じ型番でないと、まったく同じ使い方はできないのです。つまり、Androidだと機種によっては説明も異なり、人に教わりにくいということです。

逆に、iPhoneであれば**「使い方を聞きやすい」**し、周りの人も**「教えやすい」**というメリットがあります。また日本ではiPhoneを持っている方が多いんです。あなたが持っているiPhoneも、息子さんが持っているiPhoneも、知り合いが持っているiPhoneも使い勝手は同じ。言ってみれば、先生と生徒がみな、同じ教科書を持っているようなものです。

ただ、iPhoneはAndroidに比べて高い、というデメリットがあります。ですが、iPhoneは購入から5年間は、一番新しい状態になるよう面倒を見てくれます（アップデートと言います）。そのため、4年前に購入したiPhoneでも、中身は最新機種と同じ状態で使うことができます。

12万円で買ったiPhoneを5年使うとして、1年当たりのコストは2万4000円、ひと月当たり2000円、1日当たり約66円です。どう思いますか？

コラム
実際どう？

「シニアスマホ」はなるべく避けて

「かんたん」「シンプル」「らくらく」といった売り文句で各社が販売しているシニア向けスマホ。シニアが窓口にやってくると販売スタッフが一番にすすめてきますが、できれば避けたほうが無難。というのも、周りで使っている方が圧倒的に少ないので、使い方を聞いても誰もわからない……なんていうことになりかねないからです。

第2章

70代、80代だからできるすごい使い道

スマホは「いろいろできる」と言うものの……

「スマホがあれば、いろいろできる」

スマホを買ったとき、ご家族からも、スマホショップの店員さんからも、こんなことを言われませんでしたか？　そして、実際にスマホを手にしたあなたは、こう思いませんでしたか？

「いろいろできる、って結局なにができるの？（全然わからないのだけど……）」

スマホには数えきれないほどの多種多様な機能があり、その膨大な機能が「いろいろ」に当たります。そして、その機能の使い道も、「いろいろ」です。

「いろいろできる」と言う言葉には、「機能」のいろいろと「使い道」のいろいろが混在していて、あまり具体的じゃないんですよね。

冒頭でもお伝えしましたが、いろいろな機能は無理に覚えようとしなくて大丈夫です。そうではなく、ぜひ、**いろいろな使い道を知ってください。**

例えば、「週末に、日光でも行こうかな」と思い立ったとしましょう。そこで、スマホでできる「いろいろ」を挙げてみますと、

・日光までの行き方がわかる（「経路検索」機能を使います）
・湯葉がおいしいレストランがわかる（「検索」機能や、グルメ情報の「アプリ」を使います）
・せっかくなので、友だち2人を同時に誘ってみる（メッセージを送る「アプリ」を使います）

これらは、ほんの一例です。

ときどき、「スマホなんて、難しいしめんどうくさい！」という方がいます。でも、スマホなしで日光旅行の「いろいろ」を進めるとしたら……？　そのほうがよほど、めんどうくさいと思いませんか？

ちなみに、いろいろな使い道の、「いろいろ」を分解しますと、「情報収集」と「交流」ということになります。

●道順を調べたり、レストランを探したりする　↓　情報収集

●友だちを旅行に誘う　↓　交流

これまで、あなたが当たり前に**ご自分の体力・気力・時間を削ってやってきた情報収集と交流のいろいろが、格段にラクに、素早く、楽しくできる**のが、スマホという相棒のすばらしい長所です。

美容院で、駐車場で大活躍の「カメラ」

さらに、スマホのいろいろな使い道についてお話ししていきましょう。

まずは、筆記問題から。
スマホには、「カメラ機能」があります。では、普通のカメラと、スマホのカメラ、それぞれの主な役割を選び、線で結びましょう。

役割を線で結びましょう

普通のカメラ●　　●記録
スマホのカメラ●　　●記念

答えは、こちらです。

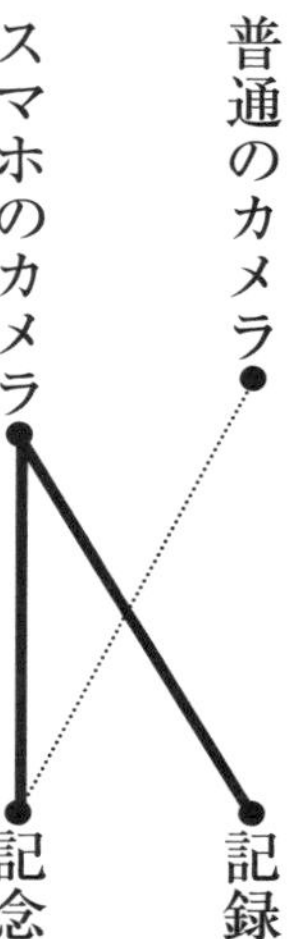

答え

スマホのカメラの役割は、**記念写真を撮るだけではありません。情報を記録をするのにも、大活躍します。**

70代でスマホを使い始めた私の母は、テレビで見た女優さんの髪型が気に入ったら、その画面をスマホでパシャッと撮影して記録。次に美容院に行ったときには、写真を美容師さんに見せて、**「こんな髪型にしてほしい」と、イメージを伝えています。**

言葉で説明しても、なかなか伝わらないかもしれませんが、写真なら美容師さんも一発で同じイメージを共有できますよね。

また、スマホのカメラの記録が、あいまいな記憶を助けてくれることもあります。

ショッピングセンターの広い駐車場。車をどこに停めたか、わからなくなってしまった——。こんなときも、車を停めたら「駐車番号」や、「駐車場内の柱の番号」など、**駐車場所を見つける手がかりをカメラで撮影**しておけばよいのです。

メモをするなら筆記用具を持っていかなければなりませんし、簡単な番号だから「メモしなくても大丈夫、覚えた」と思っても、買い物をしている間にすっかり忘れて思い出せず……。そう考えるとやはり、相棒のスマホを頼るのが得策でしょう。

ほかにも、**公民館の掲示板のおもしろそうなイベントの告知や、バス停の時刻表などはすべてカメラで撮影して記録**しておけば、あとで見直せます。

「特に撮りたいものはないし、旅行にも行かないから、スマホのカメラを使う機会がない」という方が、よくいらっしゃいます。フィルムカメラが全盛だった世代なら、「写真は記念に撮るもの」と感じるかもしれません。

でも、スマホのカメラで撮った写真は、**「記念」でもあり「記録」**でもあります。気になる髪型も、駐車場所も、公民館の掲示も、時刻表もスマホのカメラで撮って保存しておけば、**必要なときにはすぐに見られますし、書き写したメモと違って間違えたり、失くしてしまったりということもありません。**

必要なくなったときには削除できる気軽さもあります。

「カメラ」で昔の写真を接写して友人と大盛り上がり

これは、スマホ教室の生徒さんに教えてもらった使い道です。なるほど！　と感心したので、今ではセミナーでいつもご紹介しています。

それは、**昔の写真を接写して、スマホをアルバム代わりにする**ということ。

「**老人ホームに入居するとき、アルバムをたくさん持っていくのは大変だから、スマホで昔の写真を接写しておけばいい**」そう。これなら、住み慣れた家を離れてからも、いつでも思い出の写真を見て懐かしめますね。若かった頃の写真をほかの方に見せれば「これが、あなた⁉ 変わらないわね」と、盛り上がりそうですね。

もちろん、老人ホームに入居したときに限らず、**お友だちと会ったときに見せてもいいですし、同窓会で見せれば昔話に花が咲くはず。**

やり方ですが、思い出の古い写真を、**スマホで真上から撮影するだけ**です。アルバムの中の気に入った写真を選んで撮影するので、重たいアルバムを何冊も持ち歩かずに済みます。

専門業者に頼めば、古い紙の写真をデジタル化してＤＶＤに保存してもらうこともできます。でも、「スマホで自分で接写する」という、もっと手軽な方法があったんだな、と思わず感心してしまいました。

使い道の余談ですが、この本のカバーに載っている私のプロフィール写真も、私のスマホで撮ったんですよ。

昔の写真を見せるのも簡単

「動画」で趣味や習い事の練習ができる

スマホのカメラは、写真だけでなく動画、つまりビデオも撮れます。子どもが小さい頃は、運動会や習い事の発表会でビデオ撮影をしたけれど、今はそんな機会もないので動画の機能こそ使い道がない、と思われるかもしれません。

でも、動画は誰かを撮るだけのものではありません。

ぜひ、**ご自分の動画を撮ってみてください。**

例えば、ゴルフが趣味なら、スイングをしている姿を動画で撮ったらいかがでしょうか。動画で客観的にご自分の動きが見られれば、上達もしそうです。

知り合いの70代のNさんは、趣味のお箏を練習している風景を撮影し、ご自分でチェックするほか、お箏の先生にも見せてアドバイスをもらっているそうです。

動画があれば自分でもどれぐらい上達したのか、都度、確認することもできるので、やる気もわいてくるというもの。動画は、趣味の練習にもってこいなのです。

では、どうやって自分で自分の動画を撮るか、ですよね。まずスマホを持って、ご自分の姿が映りそうなところまで離れます。そして、スマホを倒れないように固定できたら、あとは録画のボタンを押すだけです。スマホ用の三脚や、〝スマホスタンド〟もありますが、本などに立てかけて固定するだけでも十分です。

近くに誰かいれば、その人に撮影してもらうのも手っ取り早いですね。

「カメラ」がルーペに早変わり！

あなたは今、洗面台の前に立っています。

スーパーで買った毛染め剤。乾いた髪につけるのか、シャンプーのあとなのか？　何分置けばいいのか？　毛染め剤の容器に書いてある文字が小さくて読めません。

さて、どうしたらよいでしょうか？

①近くにいる人に読んでもらう
②スマホを使う

答えは、どちらも正解。ですが、よりおすすめなのは「②スマホを使う」です。

説明が書かれたところを**カメラでパシャッと撮って、写真を指で広げて好きなだけ拡大すれば、小さな文字もらくらく読むことができます。**

これなら、誰かの手を煩わせることなく、自分で解決できます。

ほかにも、スマホのカメラ機能を即席のルーペ代わりに使う習慣があると、助かるシーンはたくさんあります。例えば、

- **処方箋の小さい文字**
- **飲食店のメニューの文字**
- **健康食品のパッケージの裏の成分表の文字**

いかがですか？　もっともっと、たくさんの使い道がありそうですよね。

日常生活のメモとしても利用価値あり

写真と動画を撮る、確認する

（スマホはGooglePixel 4a、画面は2024年4月時点）

Androidの場合

①ホーム画面の【カメラ】をタップ。

②スマホをしっかり持ってかまえ、シャッターボタンをタップ。
設定によっては画面をタップすると、タップした場所にピントが合う

③画面を指2本で広げるとズーム（拡大）して撮影できる。

④撮影した写真が小さく画面に表示される。タップすると撮ったものがすぐに確認できる。

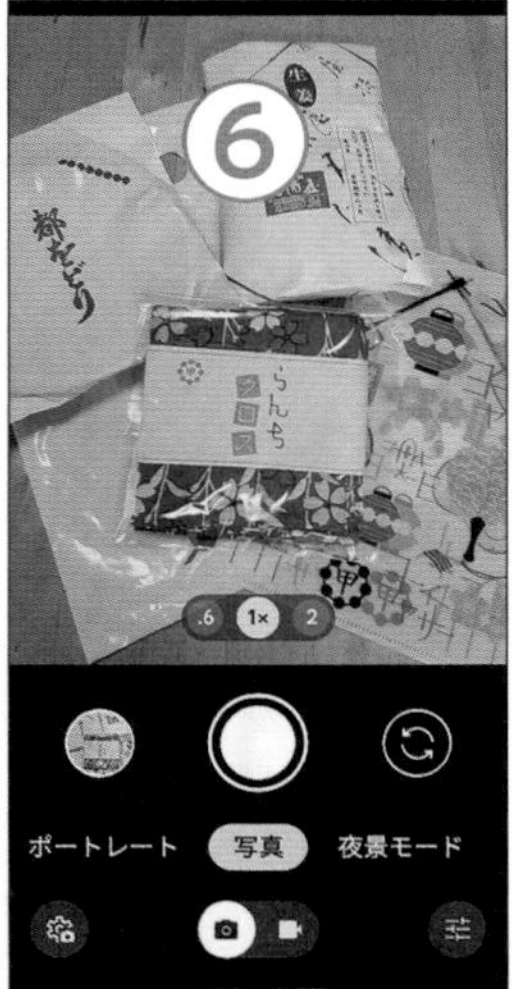

⑤撮った写真が気に入らなかったら🗑【削除】をタップ。

⑥画面左上の【📷】をタップするとカメラに戻れる。
ない場合は、一度ホーム画面に戻り、もう一度【カメラ】をタップ

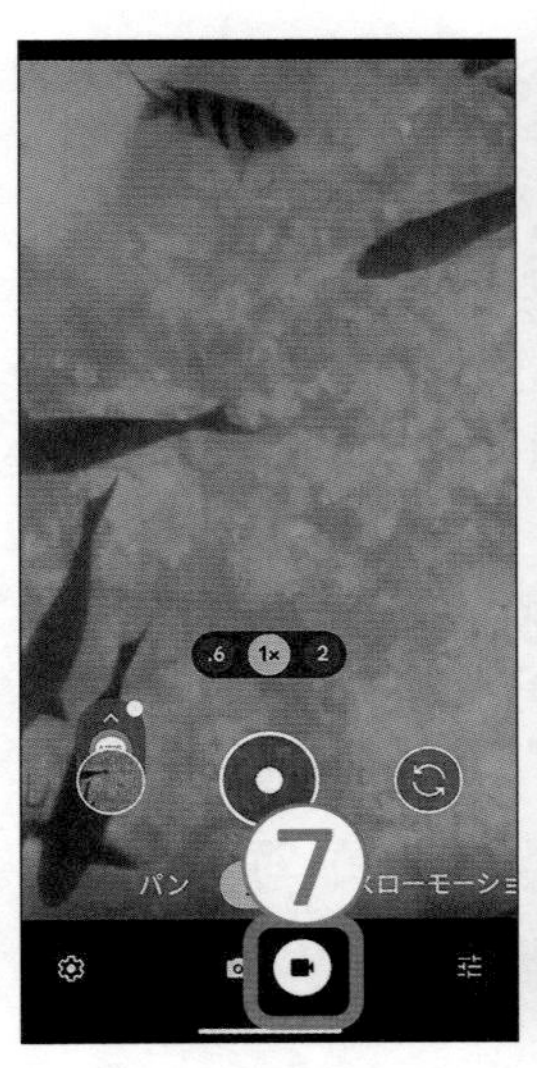

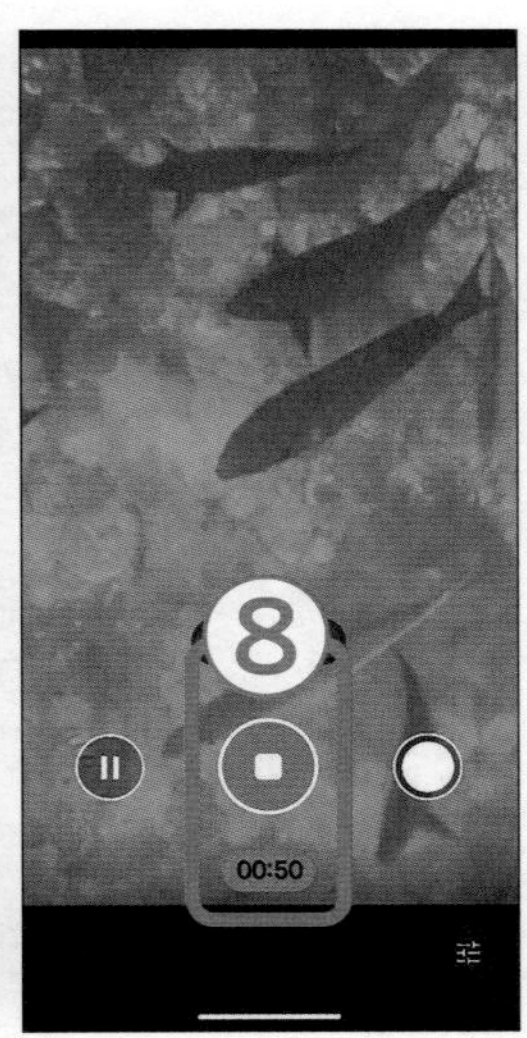

⑦動画は、ビデオマークをタップし、動画撮影に切り替える。

【ビデオ】【動画】という文字がある機種もあり

⑧ボタンをタップすると録画開始、撮影時間が表示される。

もう一度タップすると録画終了。

⑨撮ったものをあとから見るには、ホーム画面の【Googleフォト】をタップ。

機種により、【アルバム】、【ギャラリー】などをタップ

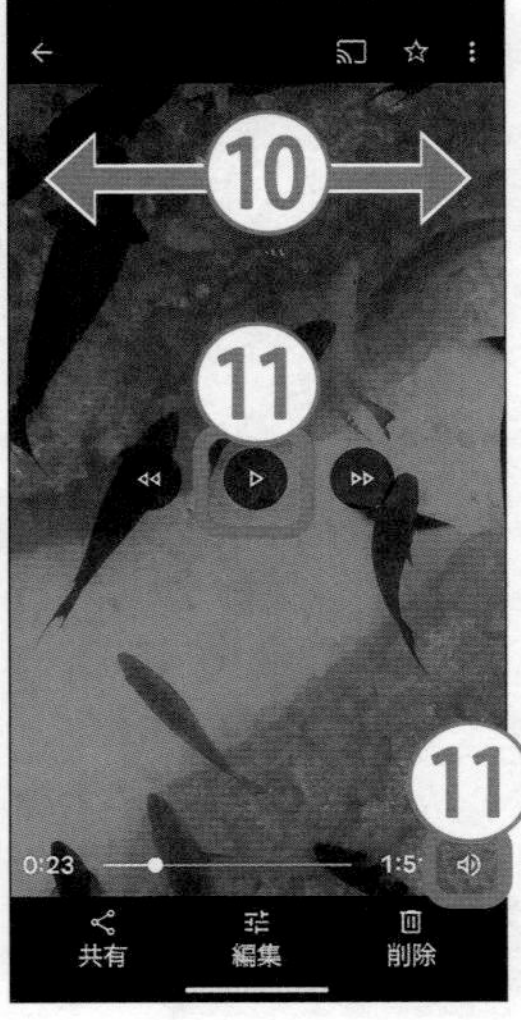

⑩写真をタップすると大きく表示される。

左右に動かすと別の写真や動画が見られる。

⑪動画は【▶】をタップして再生、音が聞こえないときは【🔇】をタップ。

ちょっとしたお礼を伝えるときにも便利

写真と動画を撮る、確認する

（スマホはiPhone 15、画面は2024年4月時点）

iPhoneの場合

①ホーム画面の【カメラ】をタップ。

②スマホをしっかり持ってかまえ、シャッターボタンをタップ。
画面をタップすると、タップした場所にピントが合う

③画面を指2本で広げるとズーム（拡大）して撮影できる。

④撮影した写真が小さく画面に表示される。タップすると撮ったものがすぐに確認できる。

⑤撮った写真が気に入らなかったら【削除】をタップ。

⑥画面左上の【く】をタップするとカメラに戻れる。

送っていただいた物の写真を撮って、お礼のメッセージと一緒に送る、という使い方も

⑦動画は、【ビデオ】をタップし、動画撮影に切り替える。

⑧赤いボタンをタップすると録画開始、画面上部に撮影時間が表示される。

ボタンをもう一度タップすると録画終了。

⑨撮ったものをあとから見るには、ホーム画面の【写真】をタップ。

⑩写真や動画をタップすると大きく表示される。

左右に動かすと別の写真や動画が見られる。

⑪動画は【▶】をタップして再生。

音が聞こえないときは【】をタップ。

写真を撮ったら拡大してみる

カメラを「ルーペ」代わりに使う

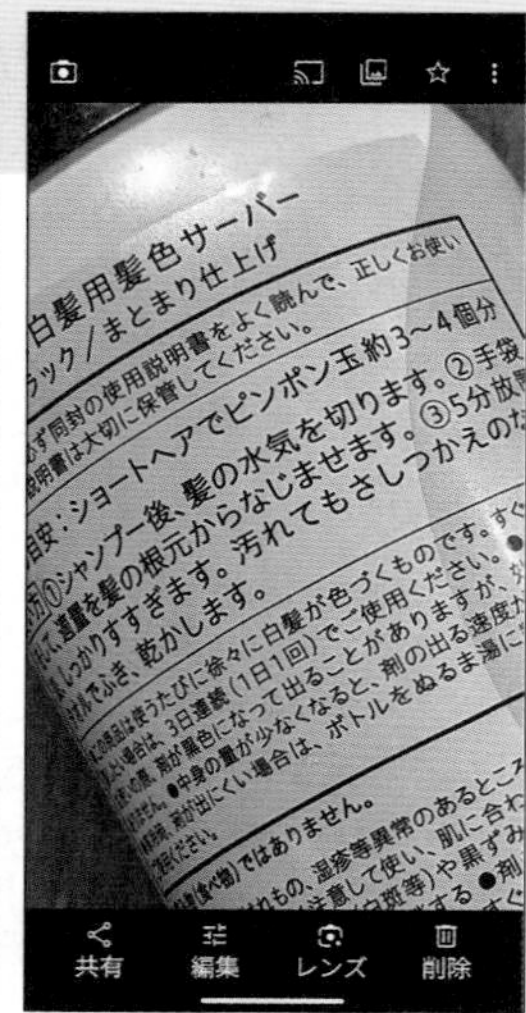

細かい文字や読みにくい文字などは、写真を撮って、それを2本の指で広げると拡大できます。

近くのものを撮るときは、撮影時に拡大してしまうと、手ブレが気になります。

まずは、ピントを合わせてきれいに撮影し、撮った写真を指で拡大して見るのがおすすめ。

こんなときも拡大が役立つ

送迎バスの時刻表

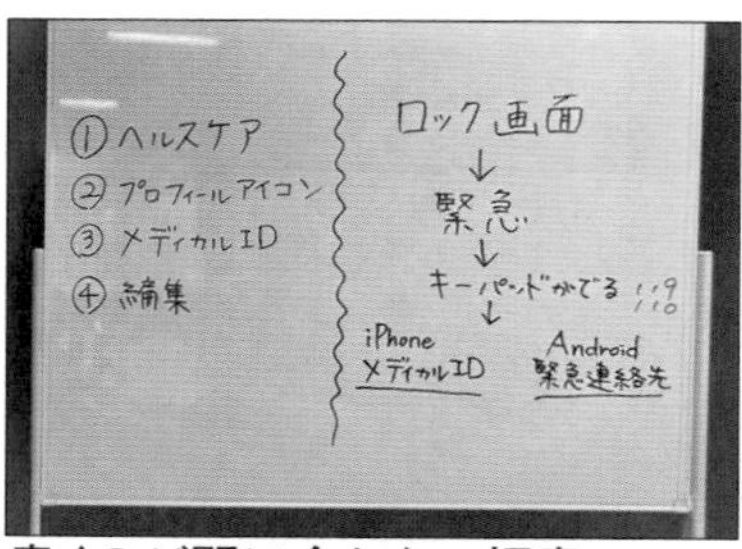

書くのが間に合わない板書

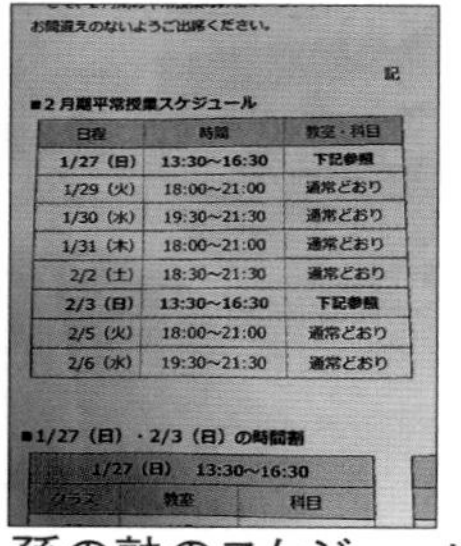

孫の塾のスケジュール

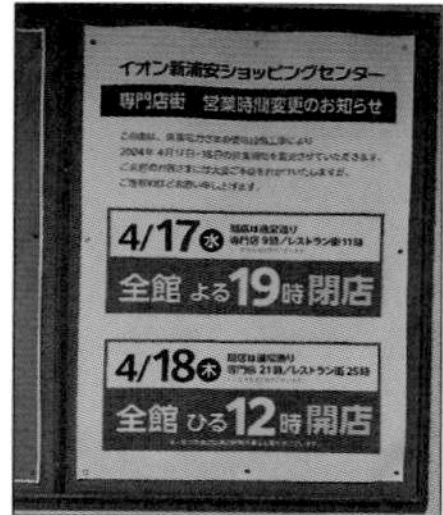

日時の書かれた
掲示物

おみやげの包装紙に
貼られた店名入りシール

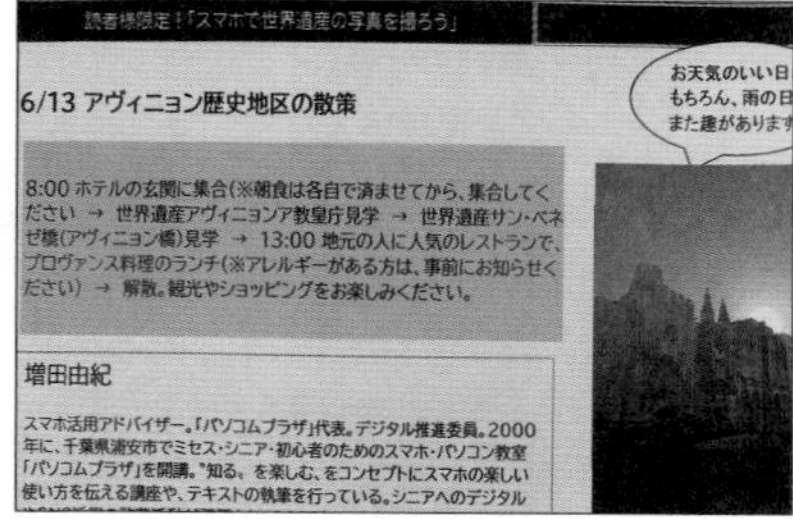

細かい文字で見えない
旅行のスケジュール

「録音」して医師の説明を聞きもらさない

「私、来月手術をすることになってね。明日、お医者さまからの説明を受けなくちゃいけないんだけど、娘が仕事の都合で立ち会えなくて。メモを取って、あとでそれを見ながら説明してほしいって娘は言うんだけど、ちゃんと説明できる自信がないわ」

ある日、教室の生徒さんが、こんなことをおっしゃっていました。70代のCさんは一人暮らしで、とても不安なご様子。そこで、私は、

「それなら、**お医者さんに許可を取って、説明をスマホで録音させてもらったらいかがでしょうか？** それを娘さんに聞いてもらえば大丈夫ですよ！」

とお伝えしました。

それを聞いたCさんは、パアッと表情を明るくさせて、

「スマホの録音って、こういうことに使えるんですね！」と、とても感謝されました。

スマホの「録音」は、意外に普段の生活で役立ちます。

【使える場面の例】

- 薬局や役所、保険会社や銀行の窓口など、込み入った説明を受けるとき
- マンションの自治会など、あとで議事録を作るとき
- コーラスやピアノのレッスンなど、自宅でおさらいをするとき

録音すれば、あとで聞き返せる

【録音のいいところ】
● 書くのが追いつかなくて焦ったり、書き間違えたりする心配がない
● あとでゆっくり、何度でも聞き返せる
● 聞きもらしや、聞き間違いが起こりにくい

録音が便利なのは、長い話や複雑な話だけに限りません。

例えば、ちょっとしたスマホの使い方を家族に説明してもらうとき。その場で覚えきれない、メモしきれない、そんなときは同時に録音しておくと役に立ちます。

スマホの録音は、「声の備忘録」です。

ただし、録音するときは、その場にいる方の許可を取ってから行うことを忘れないでくださいね。

あとから繰り返し聞ける

スマホの「録音」の使い方

Androidの場合

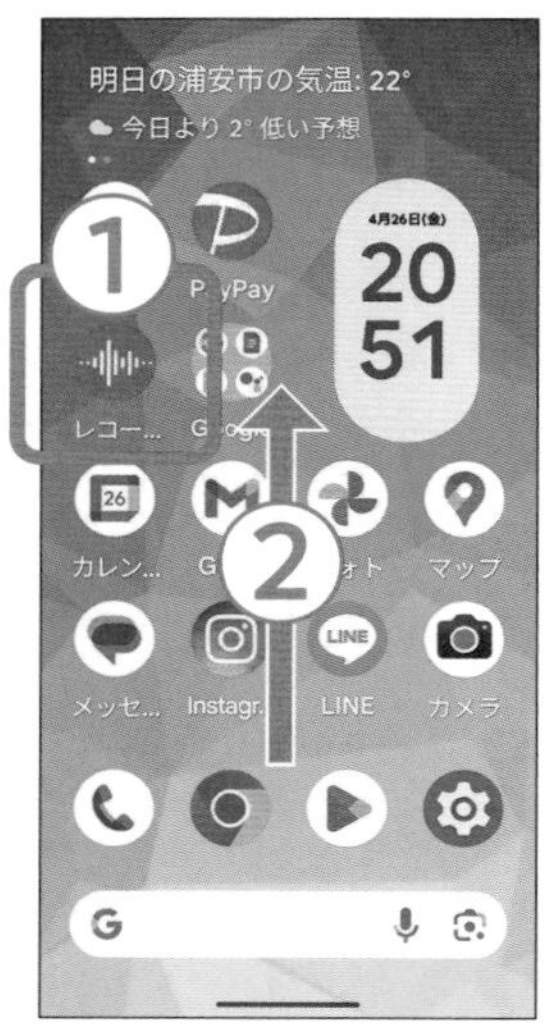

①ホーム画面に【レコーダー】があるかどうか探し、あったらタップ。

②ホーム画面にない場合は、画面全体を上に動かしアプリ一覧を表示。

③アプリ一覧の中から【レコーダー】をタップ。

④ボタンをタップで録音開始、もう一度押すと録音終了。

録音の許可を求めるメッセージが表示されたら【アプリの使用時のみ】をタップ

⑤【保存】をタップ。

⑥録音データをタップすると再生される。

再生されないときは【▶】をタップ

Android では「レコーダー」や「ボイスレコーダー」iPhone では 「ボイスメモ」 を探してみて

Android では、機種により録音アプリの名前が異なります。
iPhone では、初期設定で 【ユーティリティ】 というフォルダー （入れ物） の中にあります。

iPhoneの場合

①ホーム画面の【ユーティリティ】をタップ。

②【ボイスメモ】をタップ。

位置情報の使用許可を求めるメッセージが表示されたら【アプリの使用中は許可】をタップ

③ボタンをタップで録音開始、もう一度押すと録音終了。

④録音データの【▶】をタップすると再生される。

「カレンダー」＝もの忘れ防止機能

スマホにはなんと、「もの忘れ防止機能」が搭載されています！

といっても、**「もの忘れ防止」というアイコン（絵柄）はありません。探してほしいアイコンは、「カレンダー」**です。

スマホのカレンダーが、壁や卓上のカレンダーと一番大きく違うのは、**予定を思い出させてくれる**というところ。

- **カレンダーに書いていたのに、病院の予約を忘れてしまった**
- **1か月に1回の、古紙回収の日を忘れてしまった**

カレンダーに予定を入れておけば、予定が近づいたら、自動的にスマホの画面に予定が表示されます。ですから、このような、〝うっかり忘れてしまった〟がぐっと減るわけです。

「カレンダー」の予定は未来のあなたとの約束

カレンダーに入れるのは、病院の予約など忘れたら困るものだけ、という決まりはありません。

例えば、明日の午後4時。「ドラマの再放送を見る」と書き込む、そんな些細なことでもいいのです。**カレンダーにわざわざ書き込むほどではないけど、忘れたくない。**そんな予定を入れるのに、スマホのカレンダーはぴったりです。

それから、**「○○したいな」ということも、どんどん書き込んでください。**「駅前にできた新しいそば屋へ行く」「春夏用の服を見に行く」「東野圭吾の新刊を読む」……なんでもよいのですが、**必ず日付を決めて書き込むのがポイント**です。やってみたいな、と思うことがあっても、別の用事を優先してしまった、なんとなくめんどうになってしまった、など理由はいろいろですが、自分のことは後回しになって、結局実現しないことって意外とありませんか？

これまで、**家族や周りの方を中心に生活をしてきたならなおさら、これからはご自分との約束も大事にしてみてはいかがでしょうか。**

何役もこなす！メモや日記にもなる「カレンダー」

カレンダーには、「メモ」の欄があります。

例えば、6月23日に「大野さんとランチ」という予定を入れたとします。この前、大野さんは「〝道の駅〟で買った、○○がよかった」と言っていたのですが、その○○が思い出せません。次に会ったら聞きたいのですが、きっと忘れてしまう——。

そんなときは、メモ欄に「道の駅で買ったおすすめの◯◯を聞く」と入れておくという手があります。

さらに、

メモ欄は、「日記」としても使えます。

「太郎修学旅行」と書き込んだ日付のメモ欄に、「孫が修学旅行で『これおばあちゃんに』とおみやげを買ってきてくれた。うれしくて使えそうにない」などというように、**うれしかった出来事や感想を記しておけば、後日、その日のことが鮮明に思い出せる**のではないでしょうか。

こんなふうに、思い出の記録としてカレンダーを活用し続ければ、歳を重ねるたびに思い出が積み上がっていく楽しみが味わえますね。

予定も、約束も、やりたいことも全部書き込める

「Google カレンダー」の使い方

（画面は2024年4月時点）

Androidの場合

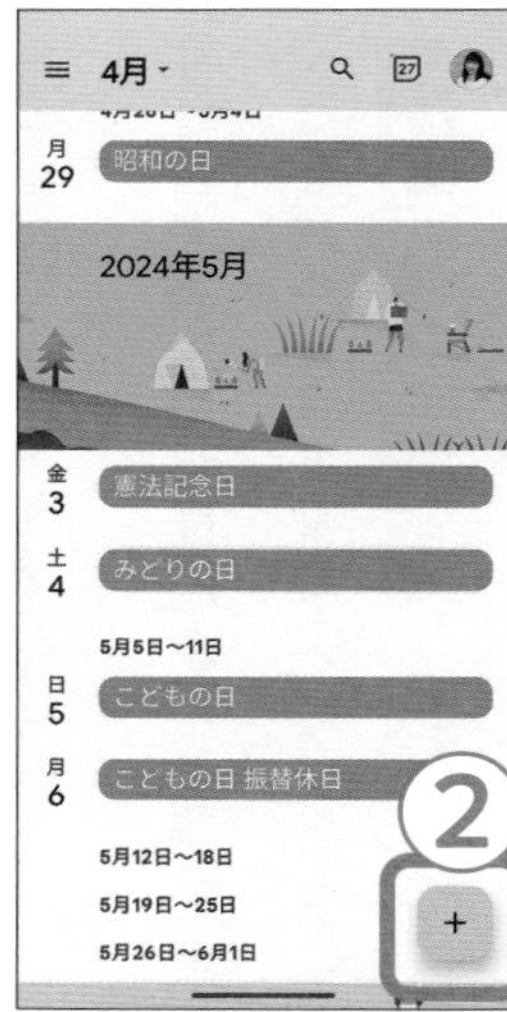

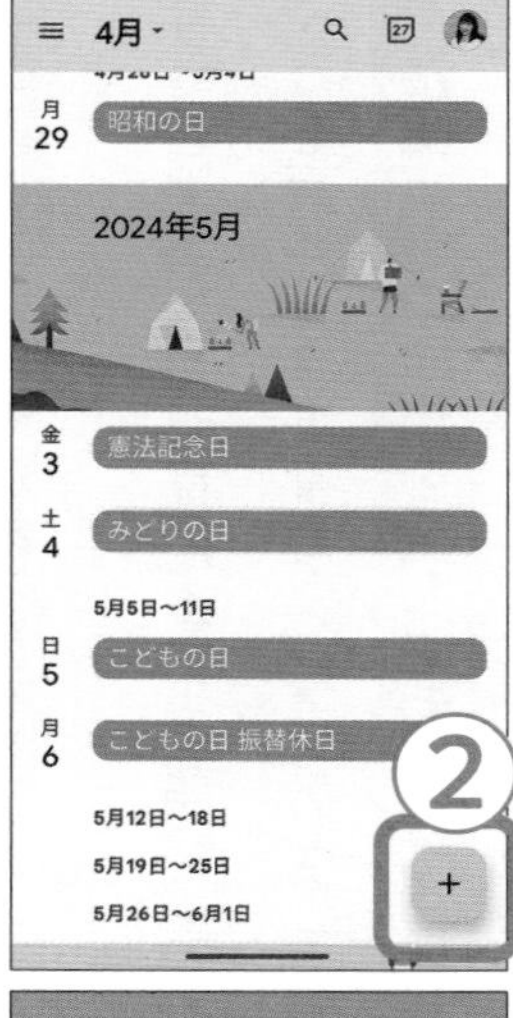

カレンダーに予定を追加

①ホーム画面の【カレンダー】をタップ。

ない場合は【Google】の中を探す。

②カレンダーの【+】をタップし、【予定】をタップ。

③予定のタイトルを入力。

④年月日をタップ。

⑤日付を入力し【OK】をタップ。

⑥時刻をタップ。

⑦円盤上の数字をタップして、時刻を入力し、【OK】をタップ。

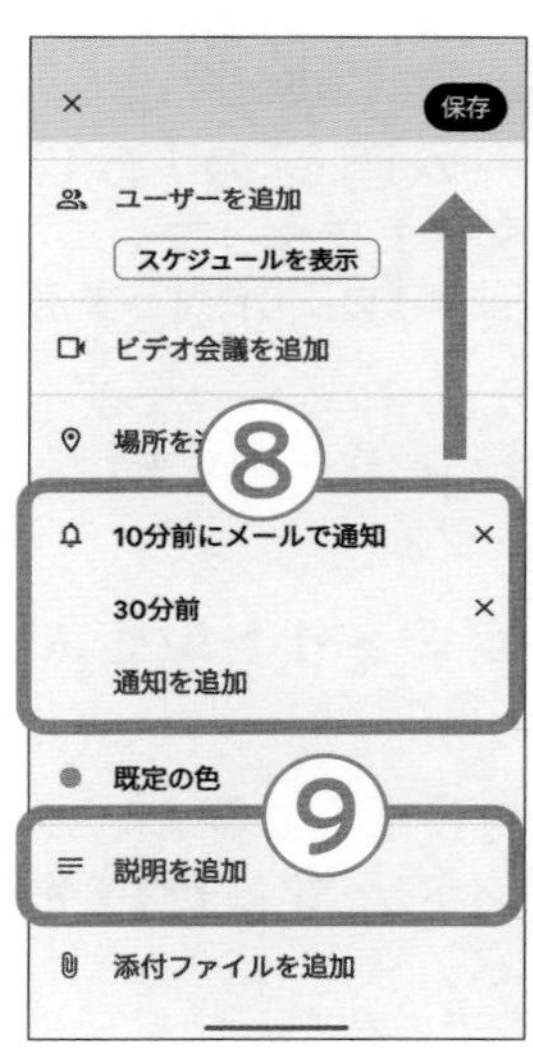

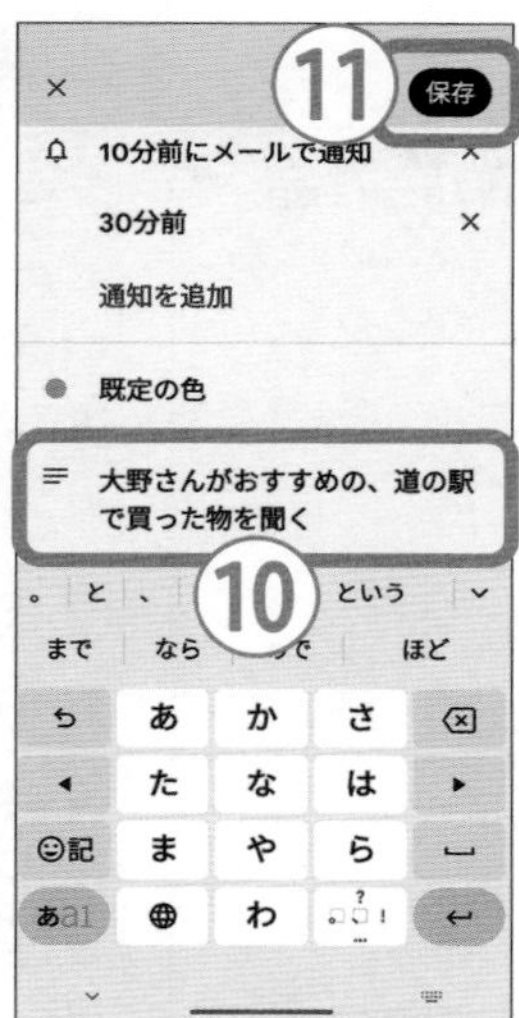

⑧画面を少し上に動かすと、通知に関するメニューがあり、【通知を追加】をタップすると自分で追加することもできる。

⑨【説明を追加】をタップ。

⑩予定に関して、好きなことをメモ。

⑪入力が終わったら【保存】をタップ。

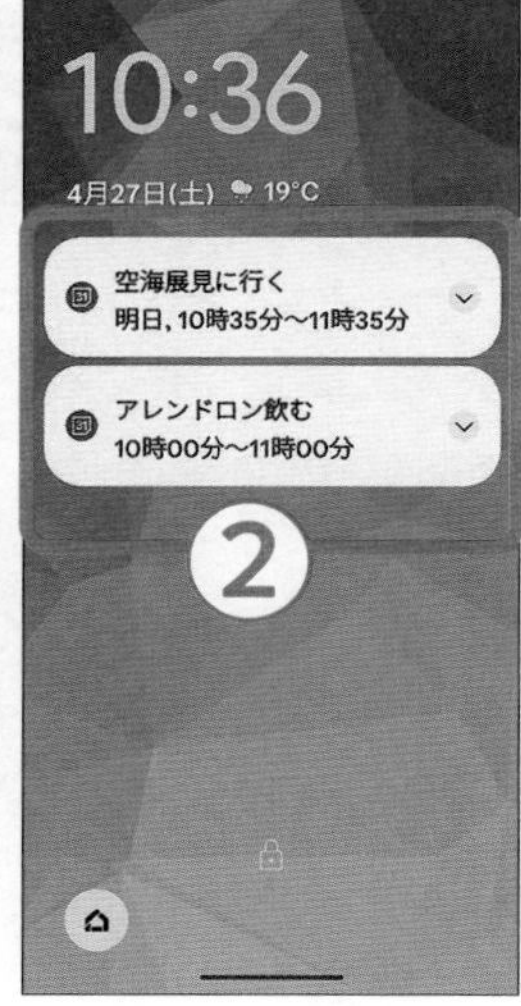

予定が近づくと…

①スマホを使っている最中、予定の日時や時刻が近づくと画面上に通知が表示される。

②スマホを使っていないとき、ロック画面に通知が表示される。

予定も、約束も、やりたいことも全部書き込める

「iPhoneカレンダー」の使い方

（画面は2024年4月時点）

iPhoneの場合

カレンダーに予定を追加

①ホーム画面の【カレンダー】をタップ。

アイコンにはその日の日付が表示されます

②カレンダーの【+】をタップ。

③予定のタイトルを入力。

④年月日をタップし、カレンダーから日付を選ぶ。

カレンダーは左右に動かせる

⑤時刻をタップし、表示された数字を上下に動かして、時刻を選ぶ。

⑥画面全体を少し上に動かすと、通知に関するメニューがあり、【通知】をタップすると自分で追加することもできる。

⑦【メモ】をタップ。

⑧予定に関して、好きなことをメモ。

⑨入力が終わったら【追加】をタップ。

予定が近づくと…

①スマホを使っている最中、予定の日時や時刻が近づくと画面上に通知が表示される。

②スマホを使っていないとき、ロック画面に通知が表示される。

日本で4番目に高い山は「検索」して即答

「日本で1番高い山は、富士山。ですが、日本で4番目に高い山はなんでしょう?」

この本の冒頭で、あなたにお聞きした質問です。答えは、

「日本で4番目に高い山は……ない」

「4番目に高い山ってなに?」と聞いたお孫さんも、「え!? ないって、どういうこと!?」ですよね。実は、2014年まで日本で4番目に高い山は、間ノ岳（あいのたけ）で3189メートルでした。それが、2014年に3190メートルに変更となり、3番目に高い奥穂高岳に並んだのです。

山に詳しくない私が、なぜ即答できるのかと言えば、**手元のスマホで、インターネットで「検索」をしたからです。**古い本には、間ノ岳が4番目に高い山として載ってい

るかもしれません。でも、情報は、更新されることもあります。スマホでネット検索すれば、こうしたこともわかるわけですね。

検索を制する者が、スマホを制す。

と言っても過言ではないほど、検索は大切です。逆に**検索さえ身についてしまえば、あとはだいたいなんとかなる**、と言ってもいいかもしれません。

なぜなら、日本で2番目に高い山にしろ（北岳です）、5番目に高い山にしろ、**知りたいことは、ほぼすべて検索をすればわかる**からです。

ぜひ、以下の質問の答えも、検索してみてください。検索の方法は76ページからです。

では、日本で5番目に高い山はなに？

上手に聞き取る書記「マイク」

「文字を入れていると、しょっちゅう打ち間違えてしまうから、それを消してまた入力し直して……とやっていると、検索する気が失せちゃうんだよね」

以前、教室でそんなグチをこぼしている生徒さんがいました。

Eさんは大柄な男性で、指も太いせいか、スマホの小さなキーボードでは、文字がうまく打てないご様子です。確かに、小さな画面を凝視しながら、一文字一文字ポツポツと打つのはなかなか大変なこと。これでは検索したり、メッセージを書いたりすることが、いちいちストレスになってしまいそうです。

そこで、あなたにお伝えしたいのですが、

スマホという相棒、実は優秀な書記でもあります。

情報を検索するときの入力欄、その右横に、「マイクのマーク」がありませんか？　**実はそれ、スマホを書記に変身させるボタンです。**

マイクのマークをタップ（押す、というよりは触る、という力加減です）して、

「今日のトップニュース」と言ってみてください。

いかがですか？　書記がちゃんと、書き取って、ニュースを出してくれませんか？　これを、手で入れようと

話しかければ書き取ってくれる

思ったらうんざりしますが、あなたはスマホに向かって話すだけでいいのです。これは、「音声検索」という方法です。

スマホを書記に変えるマイクのマーク、注意して見ると、**検索やメッセージなど、文字を入力する必要があるときは、必ずと言っていいほどあります。**

「マイク」を使って脳活＆滑舌チェック

むかしむかし、あるところにおじいさんとおばあさんがいました。おじいさんは山へ柴刈りに、おばあさんは川へ洗濯に行きました。そのとき、川上からどんぶらこ、どんぶらこと大きな桃が……。

ご存じ、『桃太郎』です。あなたは、どこまでそらで言えますか？　いざこうして思い出しながら口にしてみると、ちょっとした脳活になりそうです。

実際、黙って活字を読むよりも、音読をするほうが、**脳の処理がより複雑になるた**

め、脳の血流が増えて、活性化するとわかっています。

この脳活にも、スマホが付き合ってくれます。

使うのはやはり、「マイク」のマーク。「検索」ではないので、「メモ」アプリを使うのがおすすめです。キーボードのそばにマイクがありますか？　それが「音声入力」に使うマイクです。最近の音声入力機能はどんどん進化しているので、**普通に話すのと同じスピードでしゃべるだけで、長い文章もなんなく文字にしてくれます。**

そしてこの音声入力が、**滑舌の良し悪しをチェックする、よい練習にもなります。**

仕事を引退して話し相手の数が一気に減ったり、一人暮らしになって丸一日声を出さなかった、という日があったり。昔より、話す機会が減っている方も多いでしょう。

でも、あまり長時間声を出していないと口腔機能が衰えて、滑舌が悪くなるだけでなく、物をかむ力や飲み込む力まで衰えることになりかねません。

いつまでも若々しい頭と声でいるために、ぜひ毎日スマホに話しかけてみてください。音声入力で日記をつけてみるのもいいですよね。

文字を入力する手間がない

話しかけて検索できる「音声検索」

（検索バーを使用、画面は2024年4月時点）

Androidの場合

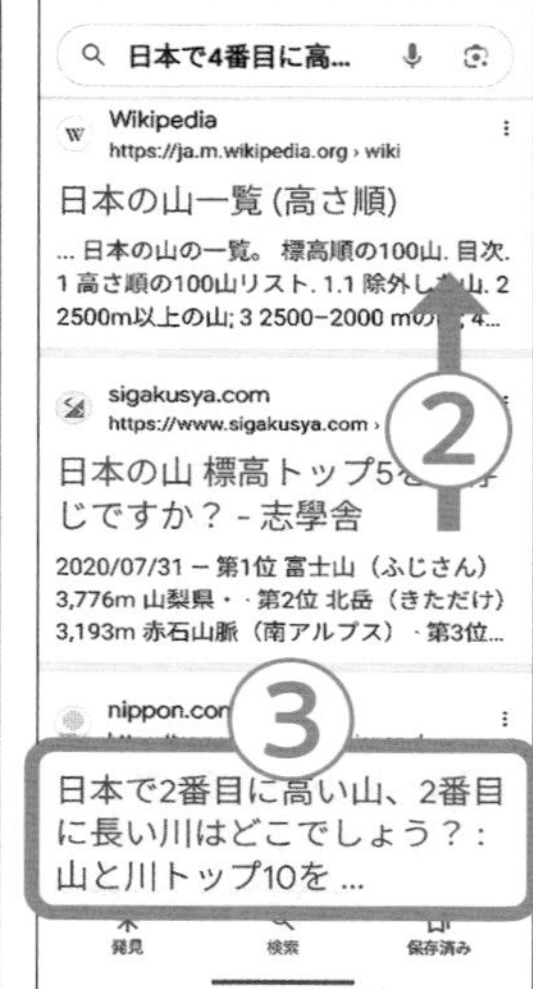

①ホーム画面の検索バーにある【マイク】をタップ。説明が表示されたら【アプリの使用時のみ】をタップ。検索したい言葉を話しかける。

②話しかけてしばらく待つと、検索結果が表示される。画面を上に動かすとさらに表示される。

③興味のある青字の部分（見出し）をタップすると、さらに内容を読むことができる。

順位	名前	標高(m)	場所
1	富士山（ふじさん）	3776	山梨県、静岡県
2	北岳（きただけ）	3193	山梨県
3	奥穂高岳（おくほたかだけ）	3190	長野県、岐阜県
3	間ノ岳（あいのだけ）	3190	山梨県、[illegible]
5	槍ケ岳（やりがたけ）	[illegible]	[illegible]
6	東岳（ひがしだけ）	3141	静岡県
7	赤石岳（あかいしだけ）	3121	長野県、静岡県
8	涸沢岳（からさわだけ）	3110	長野県、岐阜県
9	北穂高岳（きたほたかだけ）	3106	長野県、岐阜県

順位	名前	標高(m)	場所
1	富士山（ふじさん）	3776	山梨県、静岡県
2	北岳（きただけ）	3193	山梨県
3	奥穂高岳（おくほたかだけ）	3190	長野県、岐阜県
3	間ノ岳（あいのだけ）	3190	山梨県、静岡県
5	槍ケ岳（やりがたけ）	3180	長野県、岐阜県
6	東岳（ひがしだけ）	3141	静岡県
7	赤石岳（あかいしだけ）	3121	長野県、静岡県
8	涸沢岳（からさわだけ）	3110	長野県、岐阜県
9	北穂高岳（きたほたかだけ）	3106	長野県、岐阜県
10	…ばみだ	3101	長野県、岐阜県

④画面の縁から指をサッと左に動かすと、前のページに戻れる。

画面の下に3つボタンのある機種は【◀】をタップすると、前のページに戻れる。

**Cookieの説明が表示されたら【×】をタップ、なければ【受け入れる】をタップ
位置情報使用の許可などを求められたら【許可】をタップ**

⑤別のことを検索したいときは、画面上にある【マイク】をタップし、調べたいことを話しかける。

長い文章でも、短い言葉でも思いついたものを

⑥検索結果が表示されたら、青字の部分（見出し）をタップ。

⑦内容を確認。

④の手順で前のページ（検索結果）に戻れるので、また別の見出しをタップして読むこともできる

⑧検索結果の上にある【動画】や【画像】をタップすると、情報が分類されて知りたいことが見つけやすくなる。

文字を入力する手間がない

話しかけて検索できる「音声検索」

（画面は2024年4月時点）

iPhoneの場合

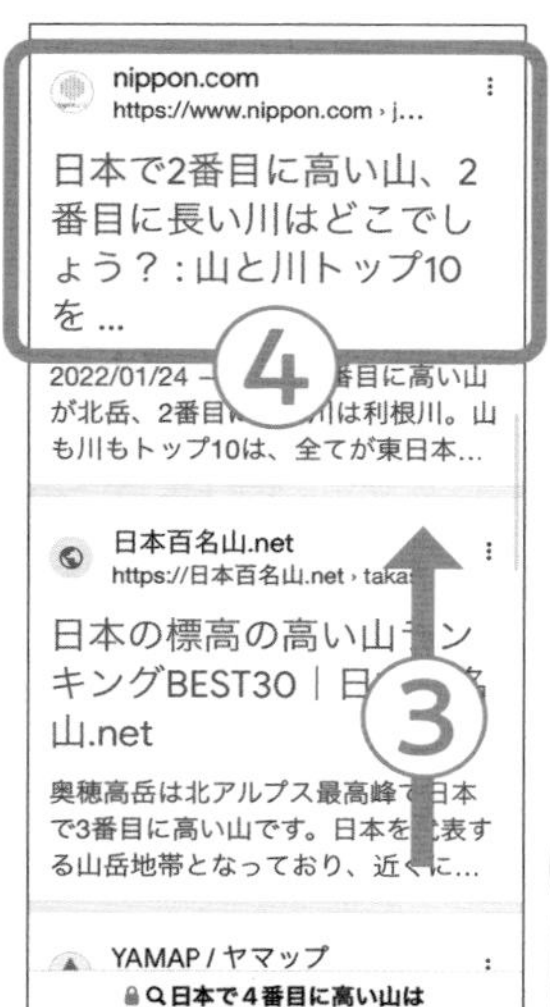

①ホーム画面の【Safari】をタップ。

②検索欄にある【マイク】をタップ。

検索したい言葉を話しかける。

③話しかけてしばらく待つと、検索結果が表示される。画面を上に動かすとさらに表示される。

④興味のある青字の部分（見出し）をタップすると、さらに内容を読むことができる。

⑤画面の下にある【＜】をタップすると、前のページに戻れる。

【＜】がないときは、画面を軽く下に動かすと表示される。

Cookieの説明が表示されたら【×】をタップ、なければ【受け入れる】をタップ
位置情報使用の許可などを求められたら【許可】をタップ

⑥別のことを検索したいときは、⑤の手順で検索結果のページに戻り、画面下にある【マイク】をタップし、調べたいことを話しかける。 長い文章でも、短い言葉でも思いついたものを

⑦検索結果が表示されたら、青字の部分（見出し）をタップ。

⑧内容を確認。
⑤の手順で前のページ（検索結果）に戻り、また別の見出しをタップして読むこともできる

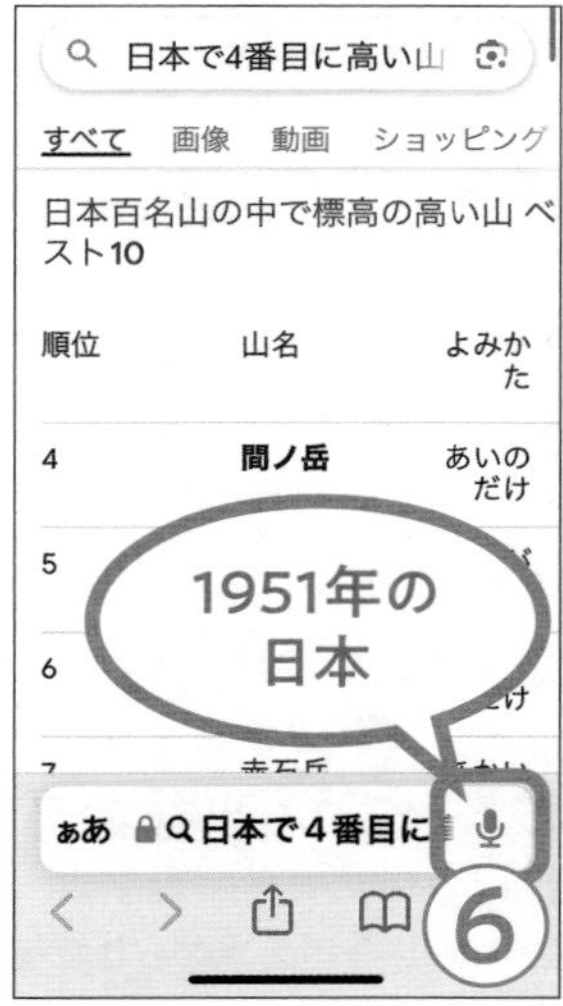

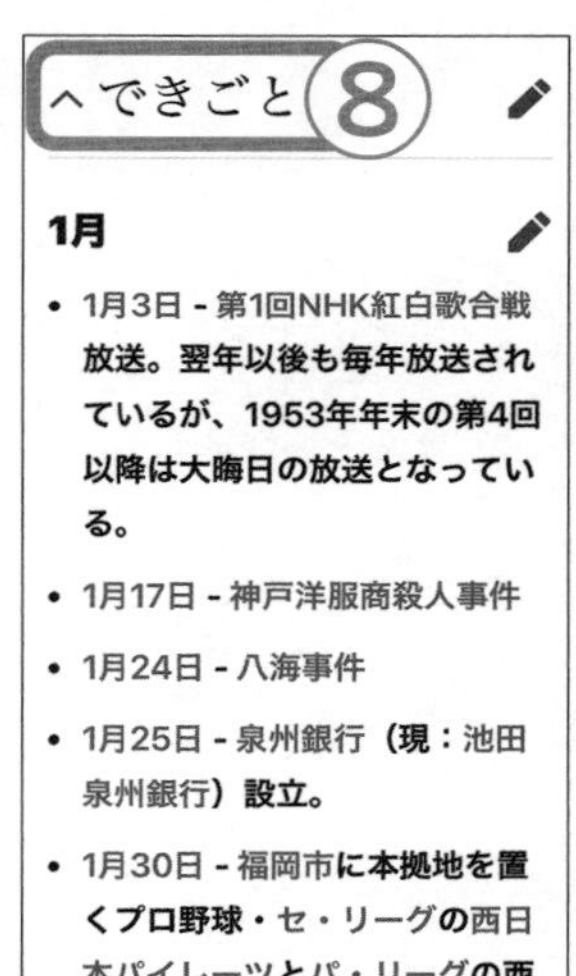

⑨検索結果の上にある【動画】や【画像】をタップすると、情報が分類されて知りたいことが見つけやすくなる。

「、」や「。」も文章にできる

マイクを使った「音声入力」のやり方

（Google Keepを使用、画面は2024年4月時点）

Androidの場合

①ホーム画面の【Keepメモ】をタップ。

ない場合は、【Google】の中を探す

②画面右下の【＋】をタップ。

説明が表示されたら、【OK】をタップ

③キーボードの近くにある【マイク】をタップ。

音声入力のマイクは機種により場所が異なる。【設定】の中に入っている場合もあり。

マイクの使用許可を求められたら【許可】をタップ

④【お話しください】と表示されたら、入力内容を話しかける。

⑤入力が終わったら【マイク】をタップ。

⑥【←】をタップして戻る。

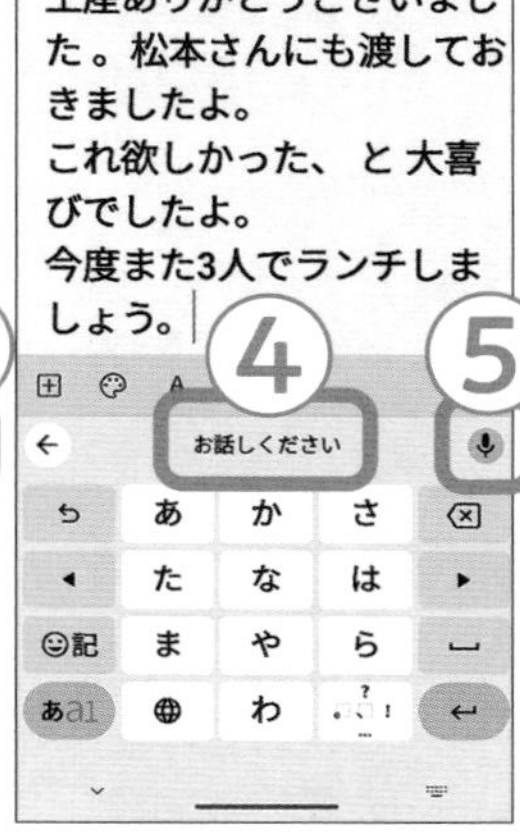

句読点と改行の音声入力

「、」は、Androidは「とうてん（読点）」、iPhoneは「てん」。「。」は、Android、iPhoneともに「まる」。改行は、Androidは「あたらしいぎょう」、iPhoneは「かいぎょう」。

iPhoneの場合

（iPhoneメモを使用、画面は2024年4月時点）

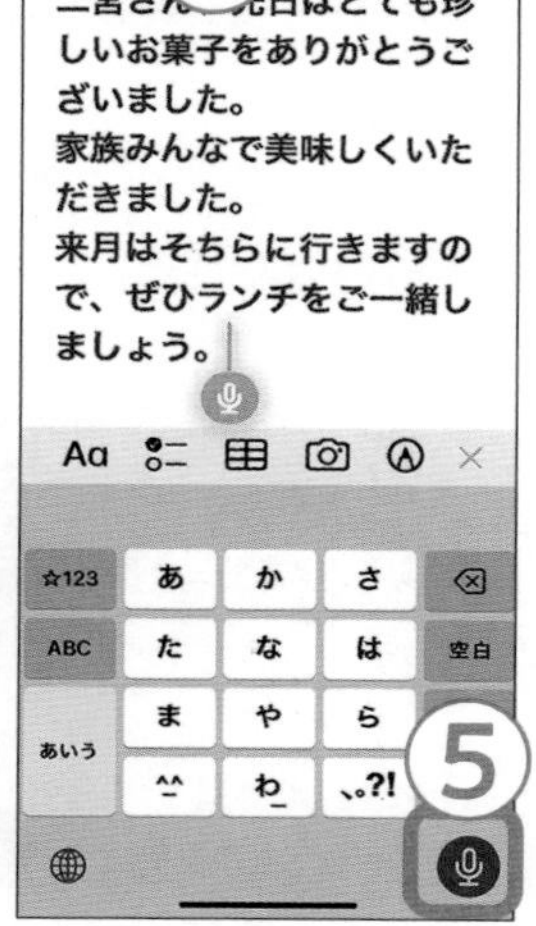

①ホーム画面の【メモ】をタップ。

②画面右下の【 】をタップ。

③キーボードの下にある【マイク】をタップ。

音声入力を有効にするか聞かれたら【有効にする】をタップ

④画面にもマイクが表示されたら、入力内容を話しかける。

⑤入力が終わったら【マイク】をタップ。マイクがないときは画面をタップ。

⑥【メモ】をタップして戻る。

富士山にどうやって向かう？「検索方法」のはなし

趣味のサークルで来月懇親会があり、そのお店選びをあなたが任されました。メンバーの希望は「お昼の時間帯」で、「和食」です。「個室」なら、ほかのお客さんに気を遣わずおしゃべりできそうです。

ここまで読んだあなたなら、この課題をスマホが解決してくれることをご存じですよね。そうです、**「検索」をすればよい**ですね。

そこで、Androidなら76ページの「音声検索」、iPhoneなら78ページの「音声検索」を使って、「ランチ　和食　個室」と検索してみます。すると、条件に合ったお店の情報がまとめて載っている「グルメサイト」がいくつか出てきたので、その中の1つを見てみることにしました。

候補のお店を見ているうちに、このようなメッセージがあるのに気づきます。

「アプリ版を使いませんか」

「アプリ」とは、簡単に言えば特定のサービスに特化して設計されたもの。

「アプリ版があるなら、そっちを選んだほうがいいのかな?」と、疑問に思うでしょう。生徒さんにもよく聞かれますが、いつも私はこうお答えしています。

「使いやすいほう、どちらでもけっこうです」

というのも、**「富士山の五合目へ向かうとき、自家用車と観光バス、どっちを使いますか?」という話なのです。目的地は一緒で、行く手段が違う**、ということだからです。

目的は懇親会のお店選びなので、音声検索でインターネットから情報を探してもいいですし、グルメ情報に特化したアプリを使ってもいいということ。よいお店が見つかれば、手段はあなたのお好きなほうで、ということですね。

「アプリ」でラジオもテレビも脳活も楽しめる

アプリは、グルメ情報だけに限ったことではありません。

スマホの画面に現れる受話器の絵柄、カメラの絵柄、メモ帳の絵柄。

そう実は**スマホにあるアイコン（絵柄）1つ1つがアプリ**なのです。ぜひ「この絵柄って、何ができるっていう意味なのかな？」と興味を持ってアプリを見てみてください。


アプリには、最初からスマホに入っているものもあれば、ご自分で「ダウンロード」（入手）するものもあります。

「ラジオが聴けるアプリ」「テレビが見られるアプリ」「天気予報のアプリ」「ニュースのアプリ」「脳活のアプリ」「買い物のアプリ」「メッセージを送るアプリ」……。

お好みのものが大概あります。なかには「こんなものまで⁉」というものもあるので、ぜひ、いろいろなアプリを探してスマホに入れて楽しんでみてください。

その際、**これだけは必ず守ってください。**

アプリは必ず、「正規のアプリ屋さんから」入手します。

アプリ屋さんを「アプリストア」といいますが、AndroidならPlayストア（プレイストア）、iPhoneならApp Store（アップストア）のことです。スマホの画面のどこかにアイコンがあるはずです（次のページに実際のアイコンを掲載します）。

決して、**メールなどに記載された英語や数字の文字列（URL）を触ってアプリを入れないでください。**個人情報を抜き取ったり、架空請求をしたりする悪質なアプリもあるからです。とはいえ、怖がることはありませんよ。ちゃんと正規のお店に行き、自分で選んで、買い物かごに入れる。つまり、普段の買い物の注意点と同じです。

ちなみに、**入手するとき金額が書かれていなければ、アプリは無料でスマホに追加できます。**

「天気」「レシピ」「ゲーム」などキーワードでも探せる

新しい「アプリ」を入れる方法

（Google Play ストアを使用。画面は2024年4月時点）

Androidの場合

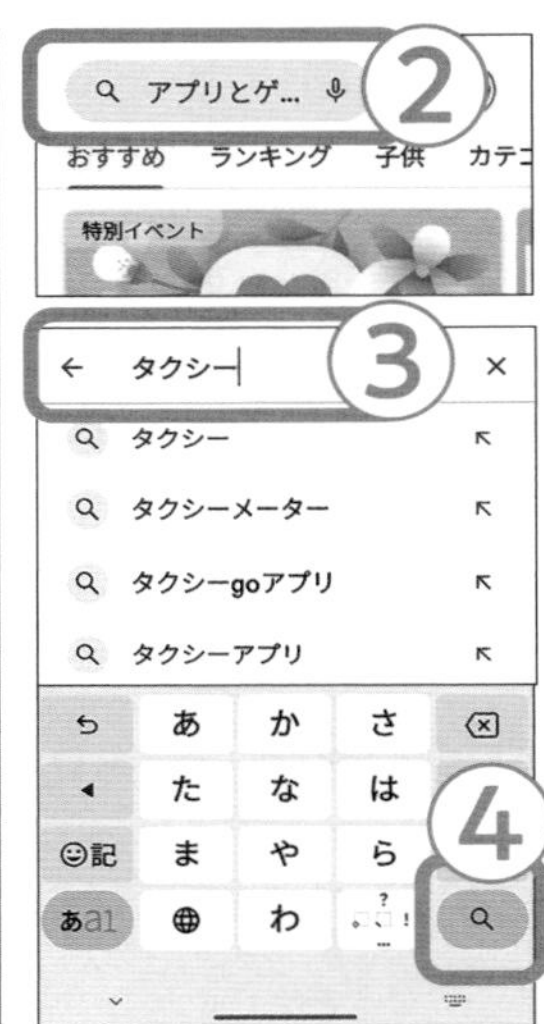

①ホーム画面の【Playストア】をタップ。

②検索欄をタップ。

③アプリの名前やキーワードを入力。

④Q【検索】をタップ。

⑤検索結果から、入手したいアプリをタップし、【インストール】をタップ。

⑥【開く】に変わったら、入手完了。ホーム画面にアプリのアイコン（絵柄）が追加される。

iPhone でアプリを入手する際は、Apple ID とパスワードが必要

「指紋認証」または「顔認証」の設定がしてあれば、パスワードの代わりになります。

iPhoneの場合

（App Storeを使用。画面は顔認証の場合、2024年4月時点）

①ホーム画面の【App Store】（アップストア）をタップ。

②🔍【検索】をタップ。

③アプリの名前やキーワードを入力し、キーボードの【検索】をタップ。

④検索結果から、入手したいアプリの【入手】をタップ。

⑤顔認証の場合、iPhoneを見ながら、本体の右側のボタン（サイドボタン）を2回素早く押す。

※指紋認証の場合、iPhone本体の丸いボタン（ホームボタン）に登録した指を乗せる

※顔または指紋の登録をしていない場合、または認証がうまくいかない場合は、【インストール】をタップし、Apple IDのパスワードを入力し【サインイン】をタップ

⑥【開く】に変わったら、入手完了。ホーム画面にアプリのアイコン（絵柄）が追加される。

スマホのお礼状は「早い・軽やか・うれしい」

先日、旅行帰りの生徒さんから「おいしかったから、先生にもおすそ分け」と、その土地の銘菓をいただきました。

自宅に持ち帰ってその日の夜に、夫と息子と一緒においしくいただいて、お菓子を囲んでいる私たちの様子をスマホでパシャっと撮影。その写真を生徒さんへ、メッセージアプリの「LINE（ライン）」で送信しました。

「Tさん、とってもおいしかったです！　ありがとうございます」と、お礼のメッセージも添えて――。

その後、Tさんからすぐ、「お口に合って、よかったです」と返信がありました。

これが、**スマホならではの、早さ、軽さ、うれしさ**です。

お礼の気持ちはすぐに伝えたいものですが、「次にお会いしたときに……」と思っていると、ずいぶん先になってしまうことも。その間に、うっかり忘れてしまうかもしれません。あとから思い出して、「しまった！　会ったのにお礼を言わなかった」という経験は誰もがあるものですよね。

とはいえ、**電話をしたり、お手紙を送ったりするのも仰々しくなって、「まぁご丁寧に、かえってすみません……」と先方を恐縮させてしまうかもしれません。**

でも、スマホでサッとお礼の気持ちを示す一文と一緒に、そのいただき物を味わったり、楽しんだりしている写真を送れば、**お相手にも喜んでもらえるし、こちらの様子も伝わります。**

お礼を伝えたいと思ったときに、お相手の気持ちに負担にならない軽さで、すぐ送れる。写真も一緒に添えられる。

これが、スマホを使ったお礼状ならではのよさです。

メッセージに「LINE」をすすめる理由

「写真付きのお礼状って、どうやって送ればいいんですか?」

こんな質問をされたら、**私はいつも「LINEが便利ですよ」とご紹介しています。**

LINEはメッセージだけじゃなく、写真や動画、電話のやりとりがすべて無料でできる「コミュニケーションアプリ」の一種です。

なぜ、私がLINEをおすすめしているのかというと、理由はシンプル。

使っている人が圧倒的に多いからです!

実際に、NTTドコモが行った「2023年シニア調査」によれば、全国の60歳から79歳のLINE利用率は76%と、約8割。これは、メールの利用率64%よりも多いことがわかりました。

コミュニケーションアプリは、相手のスマホにも同じアプリが入っていなければ、メッセージや写真のやりとりができません。

その点、ＬＩＮＥであれば10人中８人は使っているので、すぐにやりとりがスタートできる可能性が高い、ということです。

もし今、「自分のスマホにはＬＩＮＥがない！」という場合は、先ほどお話しした「アプリストア」で「ＬＩＮＥ」を探してみてください。

きっと、もうお一人でもできると思いますが、**周りに使っている方がたくさんいるはずですから、教わってみるのもいいでしょう。**特に若い世代は、ほとんどの人が日常的に使っていますので、お礼状だけでなく、いろいろな使い道を知っていることでしょう。

スマホは、年を重ねても人の手を借りず、自立する手助けをしてくれます。その一方で、年齢に関係なく、交流するきっかけも作ってくれます。

また今度ではなく、今ここで友だちに

70歳を超えると、仕事を引退している人が多くなってきます。同時に、パートナーに先立たれたりして、一人暮らしになる方もいるでしょう。実際に、国勢調査（2020年）によれば、65歳以上の約5人に1人が一人暮らしであることがわかっています。すると、人と関わることが減り、社会から孤立してしまいがちな方も増えます。

もちろん、一人の時間が好きという方もいますから、そういう場合は無理に交友範囲を広げようとすることはないと思います。

でも、**人付き合いが減ってちょっとさみしいな、と感じている方はぜひ、スマホを使って「先のばしにしない、軽やかなお付き合い」を始めてみませんか。**

同窓会などで久々に再会した方と「またお話ししたい」と思っても、**その場で次の約束を取り付けるのは、ちょっと重たい感じがするかもしれません。**

「今度またね」と言っても、その「また」がいつになるかもわかりません。

せっかくの「またお話ししたい」という、**その気持ちを大事にするために、「LINE」で「友だち」になる方法**を知っておくとよいでしょう。

遠く離れた方とお付き合いができるのも、スマホならでは。また新しく出会った方とも細く長く気軽にかかわり続けられるのもスマホならではです。

人付き合いを気軽に始められる

アプリストアでLINEを入手してから登録

LINEを登録する

携帯電話番号の登録

①LINEを開き、【新規登録】をタップ。
電話の発信などの許可を求められたら【次へ】や【許可】をタップ

②携帯電話番号を入力し【→】をタップ。

③表示されている携帯番号に間違いがないかどうか確認し、【送信】または【OK】をタップ。

④【認証番号を入力】の画面になる。

⑤一度ホーム画面に戻り、メッセージアプリを開く。
ホーム画面への戻り方はP141参照

⑥LINEから届いたメッセージの番号を控える。

⑦ホーム画面に戻りLINEを開く。

⑧控えた番号を入力する。

アカウントの新規作成

新規の登録には、あなたの判断を求める【さまざまな問いかけ】が表示されるのがつきものです。また表示されるメッセージや順番もお使いのスマホによって変わったりしますが、ゆっくり読みながら答えていけば大丈夫です。

①【すでにアカウントをお持ちですか?】の画面で【アカウントを新規作成】をタップ。

②名前を入力し【→】タップ。
ここで入力した名前が友だちに表示されます

③【パスワードを登録】の画面で、パスワードをアルファベットの「大文字」「小文字」「数字」「記号」のうち、3種類以上を含む8文字以上で入力する。
※大文字は⇧を押して入力
※忘れないようにメモしておく

Android【パスワード】を【Google パスワード マネージャーに保存しますか】と表示されたら【はい】をタップ。

④【連絡先のアクセスについて】は【OK】をタップ。

- 物事が進むように答えていく。
  ほとんどが「イエス」か「ノー」の2択
- 規約のようなものは下まで読まないと次に進めないことがある
- 画面の説明などは、タップすると消えるものが多い

⑤【"LINE"が連絡先へのアクセスを求めています】は【許可】をタップ。

⑥【友だち追加設定】は、2ヵ所とも【✓】をタップし【✓】にしてから【→】をタップ。

⑦【年齢確認】の画面は【あとで】をタップ。

表示されるメッセージへの対処法

「え、まだあるの?」と思われるかもしれませんが、さらにあなたの判断を求める【さまざまな問いかけ】が表示されます。「これだからわからないんだよな……」と思われるかもしれませんね。

でも、逆に言えば「あなたの許可なくして勝手にやりませんよ」、というLINEやスマホの姿勢の表れでもあります。下記のメッセージを見ながら対処なさってください。

- 【次へ】しか押すものがない場合　→　【次へ】をタップ
- 規約のように長い文面が表示された場合　→　下まで目を通し【同意する】【同意しない】いずれかをタップ(どちらでもLINEは使えます)
- (任意)と書いてあるもの　→　チェックを外して【OK】をタップしても問題ありません
- バッテリー使用量の設定に関して　→　【閉じる】をタップ
- 友だちを連絡先に追加　→　【キャンセル】
- メッセージ受信などの通知に関して　→　【設定に移動】　→　【許可】をタップ
- iPhone 広告の表示に関して　→　【アプリにトラッキングしないように要求】をタップ
- Bluetooth(ブルートゥース)の使用を求めている　→　【許可】をタップ
- 通知を送信します。よろしいですか?　→　【許可】をタップ

メッセージだけでなく、写真も送れます

LINEでメッセージを送信

（画面は2024年4月時点）

友だちを選び メッセージ送信

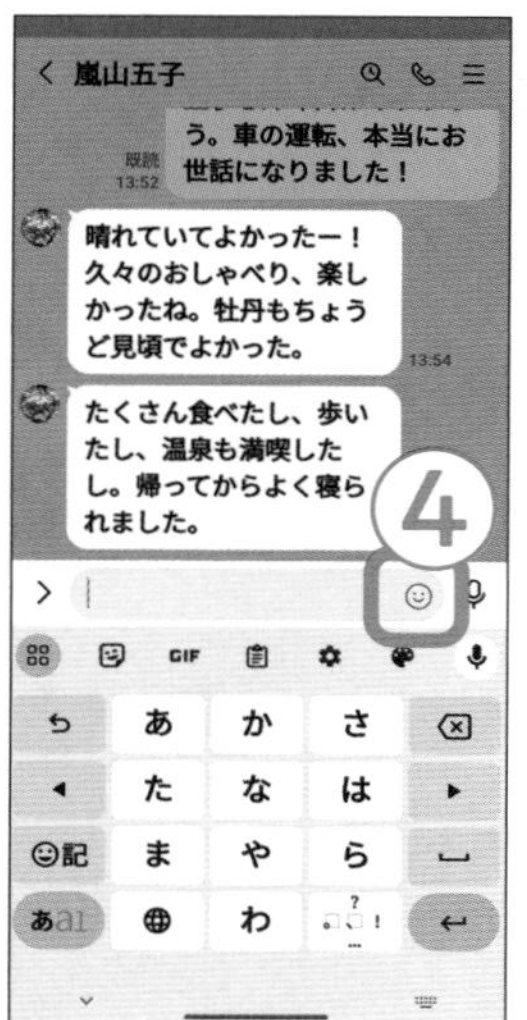

① 【トーク】をタップし、友だちをタップ。

②入力欄をタップするとキーボードが表示される。入力欄にメッセージを入力。入力欄は文字を入力すると広がる。

③ 【▶】をタップすると送信される。

④入力欄の【☺】をタップするとスタンプが表示される。

⑤左右に動かすとほかの種類が見られる。

⑥送りたいものをタップすると大きめに表示される。

⑦大きくなったスタンプをタップするとスタンプが送信できる。

写真付きメッセージを送信

①入力欄の【>】をタップ。

②【🖼】をタップ。

③写真の利用の許可を求めるメッセージが表示される。

Android 【すべて許可】をタップ。

iPhone 【フルアクセスを許可】をタップ。

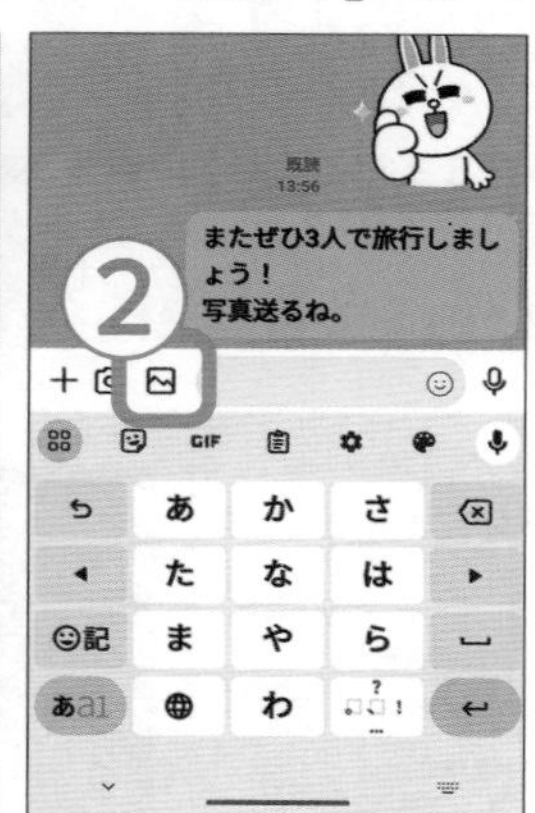

④写真が表示される。【田】をタップすると写真が選びやすくなる。

⑤写真の右隅の【○】をタップして選択。

⑥【▶】をタップして送信。

⑤のときに、別の写真の右隅○をタップして、複数枚同時に選ぶこともできます。10枚まではひとかたまりで送信されるのでバラバラと送るよりもスマート!

近くにいる人となら、QRコードを使うのが便利

LINEで「友だち追加」をする

（画面は2024年4月時点）

①【ホーム】をタップ。

②右上の【👤+】をタップ。

③【QRコード】をタップ。

Android 【写真と動画の撮影を許可しますか?】は【アプリの使用時のみ】

iPhone 【カメラへのアクセスを許可しますか?】は【許可】をタップ

④QRコードを読み取る画面になるので、友だちのQRコードの上にかざして読み取る。

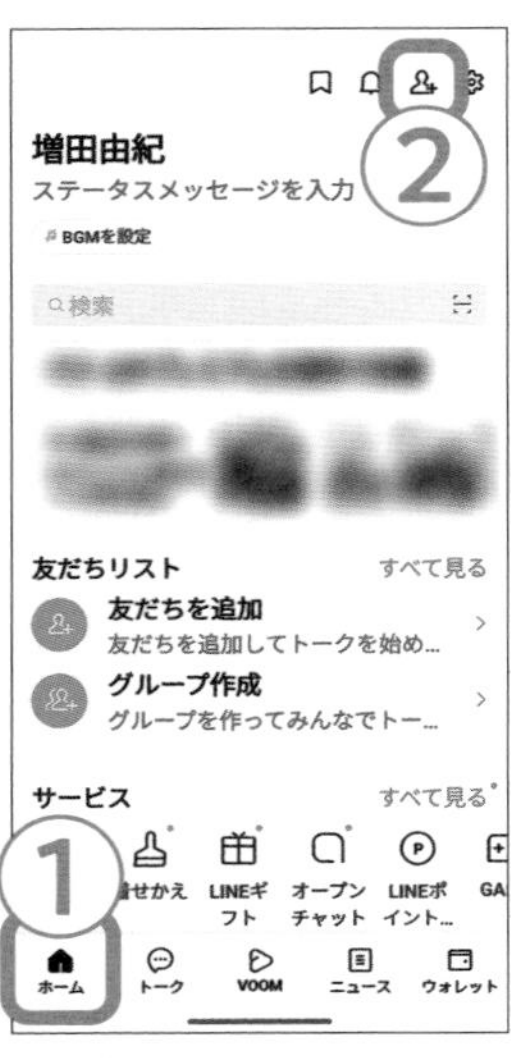

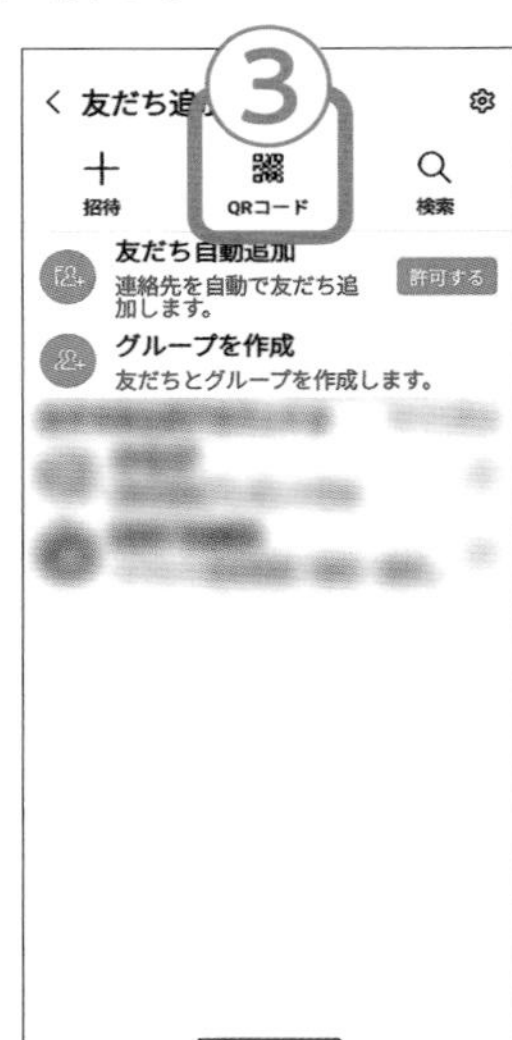

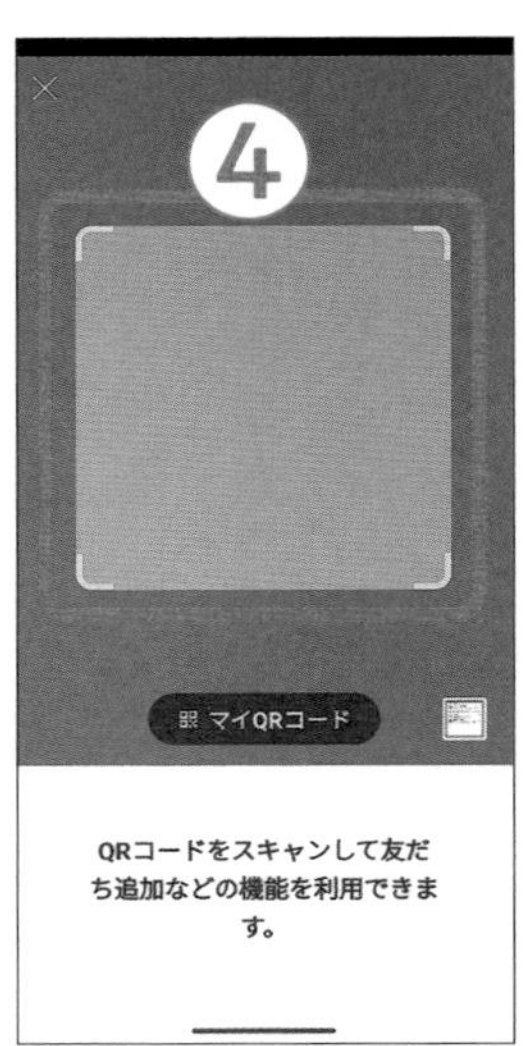

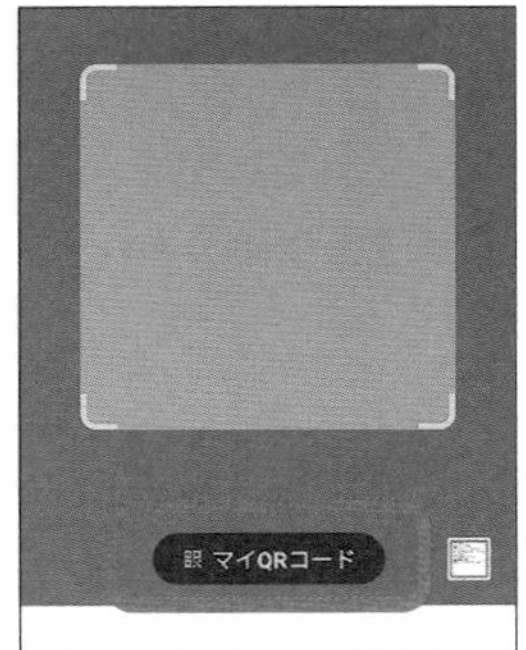

友だちがやること

上記①〜③の手順まで同じように行い、【マイQRコード】をタップ。

QRコードを相手に見せて読み取ってもらう。

⑤QRコードを読み取ると、友だちの名前が表示される。【追加】をタップ。

⑥【追加】が【トーク】に変わる。

【トーク】をタップし、友だちに何か送ってみましょう!

メールやショートメールでの登録

遠く離れた相手には、招待メッセージや招待メールを送ることができます。

①【ホーム】をタップし、右上の【👤+】をタップ。

②【招待】をタップ、【連絡先へのアクセス】を求められたら【許可】をタップ。

③【SMS】か【メールアドレス】を選ぶ。スマホの連絡先が表示される。

④【SMS】の場合、相手を選び【招待】をタップ。

⑤【メールアドレス】の場合、名前の並びにある【招待】をタップ。

アプリを選ぶメニューが表示されたらメールアプリをタップ、文面の書かれたSMSまたはメールが表示されるので、送信。

SMSの場合

メールの場合

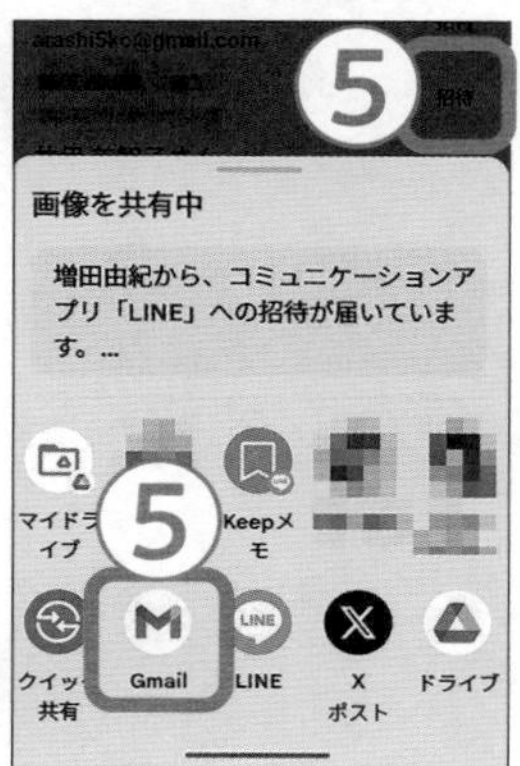

友だちがやること

①メッセージアプリを開き、招待メッセージをタップ。

②またはメールアプリを開き、招待メールをタップ。

メールの文面中「○○を友だちに追加するには」の下にある青字(URL)をタップ。

③相手の名前が表示されたら【追加】をタップすると【トーク】に変わる。

インターネット上の井戸端会議「SNS」

大河ドラマはお好きですか?

私は、放送中の『光る君へ』にハマっていて、毎週日曜日の夜8時45分、その日の回が終わったらすぐに、「X」(エックス)というアプリを開いて、「光る君へ」と検索をします。

「あのシーンは、こういう意味だと思う」とか、「役者さんの演技がどうだった」とか、大河ドラマのファンがいろいろな感想を投稿して盛り上がっています。**さながら、井戸端会議のようです。**

Xというのは、少し前まではTwitter(ツイッター)と呼ばれていたSNS(ソーシャルネットワーキングサービス)です。

SNSというのは、「インターネットの世界での人付き合い」

だと思ってください。

いろいろなSNSがありますが、使っている人が多いのはXやFacebook（フェイスブック）、Instagram（インスタグラム）などです。それぞれの特徴を、ごく簡単にご紹介しましょう。

●X（旧Twitter）・・・140文字以内の文章や、写真を投稿できます。利用している著名人や自治体も多く、「今」、なにが起こっているかがよくわかるので、災害時の情報収集にも役立ちます。匿名でも利用できます。

●Facebook・・・使うときに本名で登録をするのが特徴です。友だち同士など、もともと知っている人たちの間で、文章や写真を投稿するのに向いています。顔見知り同士の大人の社交場感覚で使っている方も多いです。

●Ｉｎｓｔａｇｒａｍ・・・写真や短い動画を投稿するのに向いています。こちらも匿名で利用できます。料理や雑貨、絶景などの写真や短めの動画なども多いです。好きなものを眺めて楽しむのに向いています。写真をたくさん載せている著名人も多いですよ。

どのＳＮＳも、最初は見るだけでもかまいません。慣れたら投稿したり、人の投稿に「いいね」のマークを押したり、コメントをつけたりもできます。

80代の一人暮らしのＴさんはときどき、Ｉｎｓｔａｇｒａｍにお得意の料理を投稿しています。誰かが見てくれていて、「おいしそうですね。母の料理を思い出しました」なんていうコメントももらえるので、作る張り合いがあるそうですよ。

ＳＮＳという言葉を聞いて、

「なんだかよくわからない」

「若い人のものでしょ」

「だまされたり、怖い目にあったりするんじゃないの？」

と不信感を持つ方もいるかもしれません。

でも、先ほどもお話ししたように、SNSはインターネットの世界での人付き合い。年齢に関係なく利用できますし、よくわからない人や、信用できない人とは付き合わなくてもいいのです。

ご自分の興味のあるものを読んだり、眺めたり。好きなものが似ている、お付き合いしたい人とだけおしゃべりを楽しむ。そんな感覚で使ってみるとよいでしょう。

そういう立ち回りは、実際の人付き合いと同じですよね。人生経験が豊かなあなたなら、大丈夫！　思い切って飛び込んでみると、新しい刺激がもらえたり、共通の趣味でつながったり、思いがけない出会いも楽しめると思いますよ。どのアプリも、アプリストアで入手できます。

Instagramを登録する

SNSにはネット検索では得られない情報もたくさんあります。（画面はiPhone、2024年4月時点）

携帯電話番号の登録

①アプリストアから、Instagram（インスタグラム）を入手。
②ホーム画面の【Instagram】をタップ。
③【新しいアカウントを作成】をタップ。
④携帯電話番号を入力し【次へ】をタップ。
⑤【認証コードを入力してください】の画面になる。
⑥一度ホーム画面に戻り、メッセージアプリを開く。
ホーム画面への戻り方はP141参照
⑦Instagramから届いた番号を控える。
⑧もう一度、ホーム画面に戻りInstagramを開く。
⑨控えた番号を入力し【次へ】をタップ。

パスワード・生年月日・名前・ユーザーネームの登録

パスワードは必ずノートなどに控えてください。「名前」には漢字やひらがなが使えますが、「ユーザーネーム」はアルファベットと数字だけです。

①【パスワードを作成】の画面で、6文字以上の文字と数字でパスワードを入力し、【次へ】をタップ。
②【ログイン情報を保存しますか?】の画面で【保存】をタップ。
③生年月日を入力し【次へ】をタップ。
④名前を入力し【次へ】をタップ。※本名でなくてもかまわない
⑤【ユーザーネームを作成】の画面で、自動作成されたユーザーネームでよければ【次へ】をタップ、自分で作成もできる。
※日本語は使えない
⑥規約が表示されるので下まで目を通し【同意する】をタップ。
⑦【プロフィール写真を追加】の画面は【スキップ】をタップ。

連絡先・おすすめ・フォロー

登録作業の中で、連絡先の使用許可や友だちのフォローなどの画面が表示されますが、ここでは「ひっそり」とインスタグラムを開設し、まずは使える状態にしておきましょう。

①【Instagramへようこそ】とともに、説明が表示される。【次へ】をタップ。
②連絡先へのアクセスを求められたら【許可しない】をタップ。
③【Facebookのおすすめを見る】は【スキップ】をタップ。
④友だちのフォローを勧められたら【スキップ】をタップ。
⑤ログイン情報の保存は【保存】をタップ。
⑥5人以上をフォローの画面は、【✓】をタップし○にして【次へ】をタップ。
⑦お知らせをオンの画面は【スキップ】をタップ。
⑧通知の送信を求められたら、【許可】をタップ。

登録作業、お疲れさまでした!

これでインスタグラムの画面が見られるようになりました。お疲れさまでした!　登録した携帯電話番号、ユーザーネーム、パスワードはインスタグラムを利用するときに必要になるので、必ず控えておきましょう。

Instagramには写真や動画がたくさん

インスタグラムには写真以外に動画もたくさん投稿されています。

キーワードで検索して、素敵な写真や動画を見つけてみましょう。（画面はiPhone、2024年4月時点）

①画面上部に表示される「おすすめ」は無視してかまわない。

②【ホーム】の画面を上に動かすと、写真や動画が表示される。

③【検索】をタップし、上にある検索欄にキーワードを入れて iPhone は【検索】をタップ Android は【Q】をタップ。

④検索結果が表示される。タップしたものが大きく表示される。

⑤画面を上に動かすと、さらに写真や動画が表示される。

⑥ iPhone は【<】 Android は【←】をタップすると前の画面に戻れる。

⑦【リール動画】をタップすると、動画だけが表示される。

上に動かすと、次々と動画が表示される。

⑧【検索】をタップし、好みの投稿を探す。

⑨投稿写真の下に【・・・】があるものは、画面を左右に動かすと別の写真が見られる。

⑩気に入った写真があれば【いいね】をタップ、に変わる。

⑪投稿者のプロフィール写真またはユーザーネームをタップ。

⑫投稿者のページになる。投稿が気に入った場合は【フォロー】をタップすると、【フォロー中】に変わる。

好きな写真や動画が見つかったらを押したり、投稿者をフォローしたりすると、インスタグラムがあなたの好みを学習して、【ホーム】にあなたの好きそうな写真や動画を集めてくれるようになりますよ。そうすると見ていても楽しいインスタグラムになります。

「スマホ決済」は便利？　それとも怪しい？

70代のJさんの話です。

同窓会のために故郷の熊本へ帰省した際、いろいろなお店の支払いをスマホで「ピッ」としていたそうです。

「そしたら同級生たちが、『じゅんちゃん、すごかねえ！』って言ってくれて」と、少し誇らしげに報告してくれました。

スマホをある程度使いこなせるようになっても、**スマホで支払いなんてよくわからないし、怪しい！** という声をよく聞きます。あなたも、そう思いますか？

でも今や、**税金をはじめ、電気やガスといった公共料金の支払いまで、スマホででき**ると言ったら少し見方が変わるでしょうか？

スマホ決済は、つまるところ**「スマホのお財布化」**です。

お財布にお金を入れるのと同じように、スマホのお財布にもお金を入れます（チャージといいます）。異なるのは、支払い方法。普通のお財布なら実際にお金を出して支払いますが、スマホ決済は、スマホの画面を店員さんに見せたり、お店が表示する「QRコード」（第3章で詳しくお話しします）を読み取ったりして支払います。現金のやり取りがないのです。

とはいえ、**現金やクレジットカードで支払えばいいのだから、無理にスマホ決済をしなくてもいいのでは？** という声が聞こえてきそうです。

それでも、私が70歳を超えたらスマホ決済をおすすめするのには、理由があります。

一つは、お財布を忘れたときの保険になるからです。

「でも、スマホを落としたら使われちゃう」という方が多いですが、財布を落としたほうが被害大です。だって誰でもお財布を開けられるのですから。その点スマホは、スマホ自体があなたの顔や指紋、番号などを使わないと開かない仕組みです（画面ロックは必ずかけてくださいね。やり方は152ページです）。

それから、**レジでもたつかずに済む**、というのも意外に助かります。

小銭の計算がめんどうでお札ばかりを使っていたら、いつの間にかお財布の中が小銭だらけ。いざ、小銭を使って払おうとすると、もたもたしてしまって、店員さんや後ろの人の視線が気になる――。気にしなければいいのかもしれませんが、けっこうストレスですよね。スマホ決済は、そうしたことを気にしなくていいので気楽です。

スマホ決済の種類は数多くありますが、中でもＰａｙＰａｙ（ペイペイ）は使えるお店が全国で頭一つ抜けて多く、使い勝手がよいのでおすすめです。

ちなみに、ＰａｙＰａｙは**ＡＴＭから現金で入金（チャージ）もできます。**

これなら**クレジットカードや、銀行口座と紐づける必要がない**ので、スマホ決済の不安が減りませんか？

私の分、払い忘れちゃった！　は「PayPay」で解決

先日、友人数人と駅前でお茶をしたとき。「お会計はまとめて払っておくわね」という1人の友人の言葉に甘えて店を出て、そのまま別れてしまったあと、ふと――、「あらやだ、私の分、払うの忘れちゃったわ！」

スマホ決済をおすすめする、3つ目の理由がこちら。

次に会ったときに払おう、となると、ずいぶん先になってしまうかもしれないし、かといって銀行振込というのも大げさな気がするし。

そんなときにも、スマホ決済をお互いに使っていれば、**すぐに、送金することができるんです。しかも、手数料がかからない**のも、うれしいところ。

1円単位で金額指定も可能なので、その場で「**割り勘しましょう**」となったときにも**両替したり小銭を出し入れしたりせずに、**スマートに送金できますよ。

アプリストアでPayPayを入手してから登録

PayPayを登録する

（画面はiPhone、2024年5月時点）

①PayPayを開き、【新規登録】をタップ。

②携帯電話番号を入れる。

③パスワードをアルファベットの「大文字」「小文字」「数字」をそれぞれ使い6文字以上で入力する。

※大文字は⇧を押して入力

※忘れないようにメモしておく

④【上記に同意して新規登録】をタップ。

Android は

【パスワードをGoogle パスワード マネージャーに保存しますか】と表示されたら【はい】をタップ。

認証番号がショートメールに届く

①【SMSで届いた認証コードを入力してください】の画面になる。

②一度ホーム画面に戻り、メッセージアプリを開く。

※ホーム画面への戻り方はP141参照

※画像はイメージです。

登録したての PayPay にお金は入っていないので、チャージ（入金）が必要

買ったばかりのお財布にお金が入っていないように、登録したての PayPay にもお金は入っていません。PayPay にお金を入れることをチャージといいます。次のページで、その方法をご紹介します。

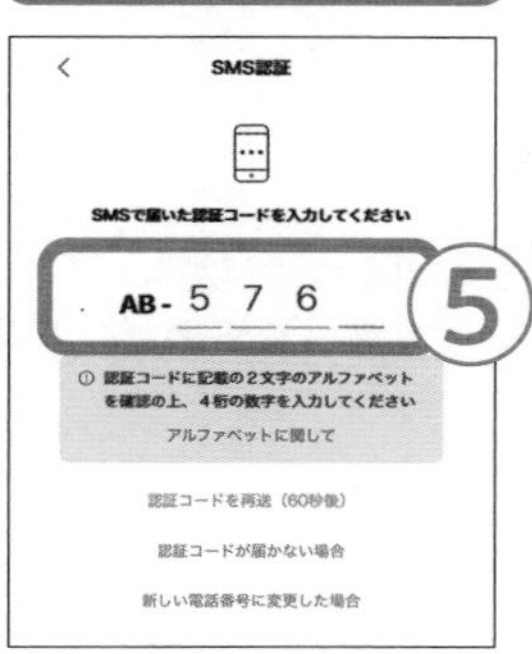

③左のようなメッセージが届くので番号を控える。

④ホーム画面に戻りPayPayを開く。

⑤控えた番号を入力する。

iPhone は

【次へ】と表示されたらタップし、【アプリにトラッキングしないように要求】をタップ。

⑥【閉じる】をタップ。

⑦PayPayの最初の画面が表示される。

セブン-イレブンまたはローソンのATMを使い少額から

チャージ(入金)と支払いをする

①コンビニのATMで【スマートフォンでの取引】または【チャージ】【QRチャージ】をタップ。
※青字はATMで行う操作です

②PayPayを開き【チャージ】をタップ。

③【ATMチャージ】をタップ。

④スマホはQRコードを読み取る画面になるので、コンビニのATMに表示されたQRコードにかざす。

⑤コンビニのATMの数字キーで、スマホに表示された【企業番号】を入力。

⑥コンビニのATMでチャージしたい金額を選び、蓋が開いたら現金を投入。

⑦チャージした金額はPayPayの【ウォレット】をタップすると確認できる。

⑧【ホーム】をタップ。

支払い(お店で読み取ってもらう)

PayPayのマークがあるお店で、チャージした額面分買い物ができます。方法は2通りあります。

①レジに並んでいるときに、PayPayのアプリを開いて待っている。

②お店の人に「PayPayで」と伝える。

③スマホを見せると、お店の人がスマホのバーコードを読み取ってくれる。

④お支払い完了。

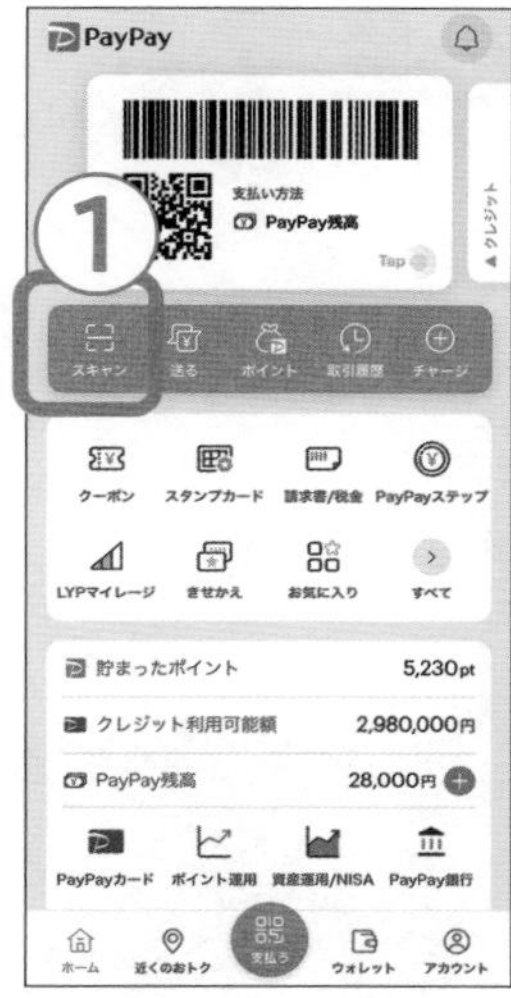

支払い（QRコードを自分で読み取る）

①ホーム画面の【スキャン】をタップ。

②お店のQRコードにかざす。

③金額を入力する画面になるので、支払い金額を自分で入力し【次へ】をタップ。

④金額を入力した画面をお店の人に見てもらい【支払う】をタップ。

※画像はイメージです。

携帯電話番号を利用して送金ができて、手数料がかからない

PayPayで友だちに送金する

①【送る】をタップ。 説明が表示されたら【スキップ】をタップ

②【送る】をタップ。

③【PayPay IDや電話番号で送る】をタップ。

④相手の携帯電話番号を入力し、検索された電話番号をタップ。

⑤検索された相手をタップ。

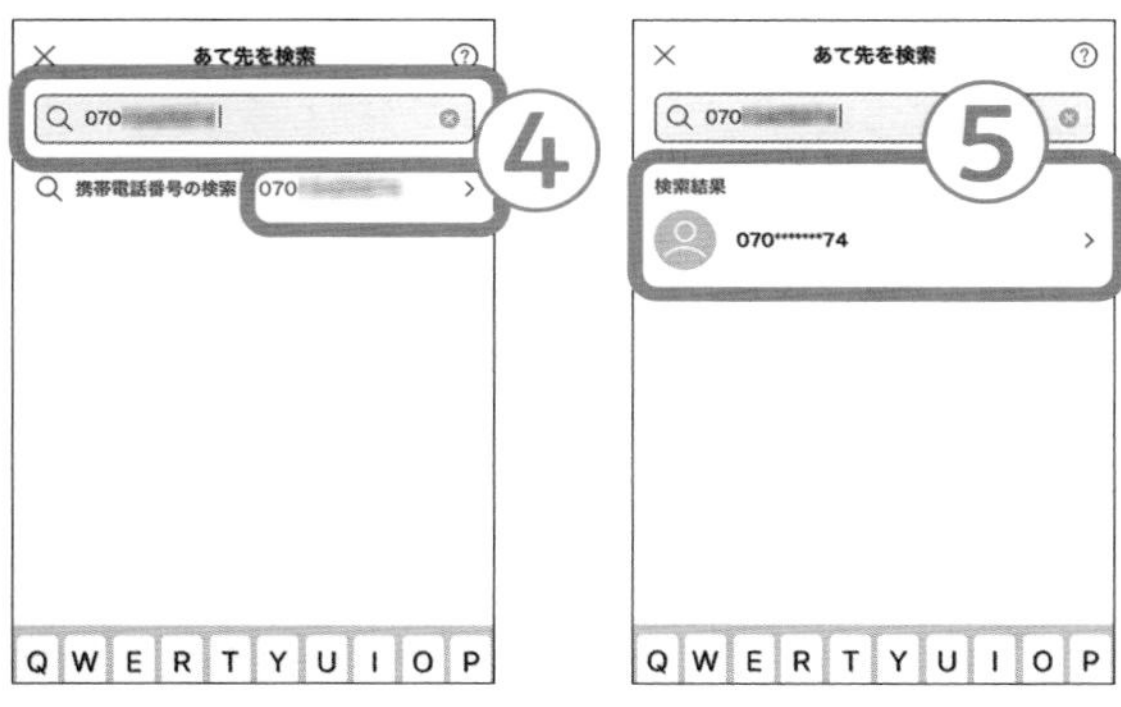

※画像はイメージです。

⑥ 相手に送る金額を入力し【次へ】をタップ。

⑦【※※円を送る】をタップ。

⑧相手の電話番号をもう一度確認し、間違いなければ【はい、※※円を送る】をタップ。

iPhone は

⑨Face IDの使用を許可しますか?】と表示されたら【許可】をタップ。

⑩ 今後も同じ相手に送る場合は【追加する】を、そうでない場合は【キャンセル】をタップ。

⑪【<】または【←】をタップしてPayPayの最初の画面に戻る。

第3章

解決！スマホの困りごとあるある

70歳からのスマホ「つまずき原因ベスト3」

せっかくスマホの使い道を発見しても、操作がうまくいかない。

スマホを使いこなすには、使い道を知るのが第一ですが、**どうしても避けて通れない「操作のつまずき」という問題があります。**

「あれ？　なんでこうなっちゃうの？」（わけがわからない）
「この言葉、どういう意味？」（ますます、わからない。イライラ）
「先に進めない？　なんなの、これ！」（もういい！　やめた！）

こんなお気持ちだと思います。

数えきれないほどの機能があるスマホ。小さい頃からスマホを使っている若い方であっても、操作がわからないことはよくあります。私も、すべての操作法を知っているわけではありません。

スマホと付き合い始めたばかりのあなたが、操作でつまずくのは当たり前のことなのですが、これまで20年以上、シニアの方にスマホをお教えして気付いたことがあります。それは、

シニアのスマホのつまずきの原因は、ほぼ同じ

ということ。そして、つまずきの原因ベスト3はこれ。

【原因その①】スマホの基本操作が実はうまくできていない
【原因その②】用語の意味がわからない
【原因その③】なぜか先に進めない

実は、この3つは案外単純な方法で即解決できるものばかり。さっそく、一緒に見ていきましょう。でもその前に、大事な2つの画面を説明します。

①すべての道は「ホーム」に通ず

1つは「ホーム画面」です。小さな絵柄（アプリ）の並ぶ画面で、スマホを使うときに一番多く目にするはずです。

例えば、天気予報を見る→ホーム画面に戻る→LINE→ホーム画面に戻る、という感じで、別のアプリを使いたいときはこうして、ホーム画面を経由します。

ホーム画面に戻る操作ですが、スマホの種類によって異なります。

- アプリを何か開いているときに、画面の下に横棒があったら、その横棒をサッと上に払うように動かすとすぐにホーム画面が表示されます。
- 画面の下に◁○□があるAndroidは、「○」をタップします。スマホ本体に丸いボタン（ホームボタン）があるiPhoneは丸いボタンを押すと、ホーム画面に戻れます。

操作していて、仕切り直しをしたいと思ったときも、ホーム画面に戻れることを覚えておくとよいでしょう。

○ー
ホーム画面

②家（スマホ）の玄関は、施錠（ロック）する

もう1つは「ロック画面」。スマホの電源を入れたときに、最初に表示される画面のことです。ロック画面はスマホの「玄関」のようなもの。ロック画面にはホーム画面へ進むための鍵がかかっていて、その鍵を持っている人だけがホーム画面を見られます。鍵の代表的なものは「暗証番号」「指でパターンを描く」「顔認証」「指紋認証」などです。

ロック画面がなぜ必要なのかは、１５２ページでお伝えしますね。

【原因その①】スマホの基本操作が実はうまくできていない

解決法は「タップ」の力加減をマスターすること

「押す」と、言っても、いろいろな強さがありますよね。
「エレベーターの『開』ボタンを押す」をイメージしてみてください。
「書類に判を押す」をイメージしてみてください。
「電子レンジの『スタート』ボタンを押す」をイメージしてみてください。

操作がうまくいかないと言う方のお手元を拝見すると、スマホを今までの感覚で「押している」場合が多く見受けられます。「押す」と聞くと、アイコンやメニューの文字をグッと押したり、ギューッと押したりしたくなりますが、**スマホの「押す」は、「画面に軽く触れて指を離す」こと。**この力加減がポイントです。

この動きを「タップ」といいます。タップが思い通りできたら、「なんだかうまくいかない」がグッと減らせます。力加減は、

テーブルの上のゴマ粒を指の腹で拾い上げる

これくらいの感覚です。

ほかには

- **棚の上のほこりを、指先でサッと払うようにして動かすのが「スワイプ」**
- **砂の上に指で文字を書くように、**

タップの力加減

テーブルの上のゴマ粒を指の腹で拾い上げるイメージで画面に触る

指を置いたまま動かすのが「ドラッグ」

専門用語を覚えるよりも、この「指の感覚」を大事にしてください。

あと、**指先が乾燥していると、スマホの画面がうまく反応しない**こともありますよね。その場合は、指先に息をハーっとかけて、軽く湿らせてからもう一度トライしてみてください。きっとうまくいきますよ。

なお、アイコンを押したままだと、「長押し」という別の働きになってしまい、意図と違う操作になってしまいます（あえて、長押しをするときもありますが）。

また、操作で立ち往生しがちなのが、**画面の進み方や戻り方が**、わからなくなっている場合。

解決法は「道しるべになるマーク」を探すこと

スマホの画面にあるマークには、必ずなんらかの意味があります。そのマークのデザインと意味を覚えれば、手順がわからないときの道しるべになります。代表的なものをいくつかご紹介しましょう。

＜（戻る）＞（進む）　1つ前に見ていた画面に戻るなら＜（戻る）。◀や←のときもあります。その逆は＞や▶、→。今見ている画面を閉じたいなら×です。

＜　戻る

＞　進む

×　閉じる

（検索）　キーワード検索できるときに表示されるマーク。タップすると入力欄とキーボードが出てきます。探し物は、というイメージですね。

（共有）　スマホの中にある写真などのデータを誰かに送る（共有する）ときに使います。写真を見ているときにこのマークをタップすると、送信方法など（ＬＩＮＥで送る、Ｉｎｓｔａｇｒａｍに投稿するなど）が表示されます。は１人から２人へ情報を送る、は紙から矢印が出ていて外へ押し出す、みたいなイメージで覚えるとよいでしょう。

⤓（ダウンロード） 人から送られた写真やインターネット上にあるデータを、自分のスマホの中に保存すること。⤓は、自分のスマホの中にしまい込む、みたいなイメージですね。

…≡（その他のメニューがある） 「まだほかのメニューがありますよ」という意味だと思ってください。画面に表示されない、その他のメニューは、ここにまとめられています。画面の右上にあることが多いです。

会話でも最後に「…」が付くと、まだ続きがありそうですよね。それと似たイメージで覚えるとよいでしょう。

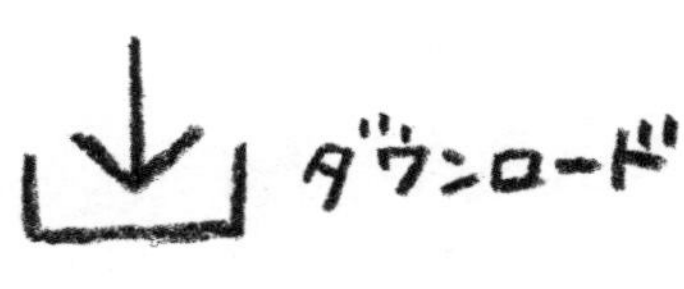

メニュー

【原因その②】用語の意味がわからない

オーエス？　スマホ関連の用語は、なじみがない上、カタカナばかりで意味がわかりにくいですよね。

オーエス、つまりＯＳはオペレーティングシステムのことで、それが意味するところは……と教えてもらっても、これまでの概念にはないことだったりするので、とても覚えられない！　これもまた、よくあるつまずきポイントです。

そこで、ご紹介したいのは、ずばり **〝超訳〟スマホ用語。**

スマホを使いこなすのに、用語とその意味を丸暗記する必要はありません。でも、**概念を知っておくと、スマホを使うときに格段に理解しやすくなります。**

よく目にするものを挙げました。

●ＯＳ（オーエス）＝家の土台

ＯＳというのは、スマホを動かすための基本プログラムですが、家の土台のようなものと思ってください。土台がないと家が建ちませんね。同じく、ＯＳがないとスマホは動きません。

土台の上にリビングやお風呂、キッチンを乗せていくように、スマホのＯＳの上に、いろいろなアプリを乗せていくというイメージです。

ＡｎｄｒｏｉｄスマホのＯＳの名前は、Ｇｏｏｇｌｅ社が開発したＡｎｄｒｏｉｄ、ｉＰｈｏｎｅのＯＳの名前は、Ａｐｐｌｅ社のｉＯＳ（アイオーエス）といいます。

●アカウント＝入場券

スマホのサービスを利用するとき、たびたび目にする「アカウント」の文字。アカウントは、遊園地でたとえるなら、入場券に該当します。入場券がないと遊園地が楽しめませんね。

●ＩＤとパスワード＝ドアを開ける鍵

アカウントを手に入れるには、ＩＤとパスワードの２つが必要です。どちらかだけでは、アカウントになりません。そして、この２つがそろって初めて、遊園地の入場券が有効になります。

中に入ることを**ログイン**、外に出ることを**ログアウト**といいます。

●アップデート＝最新の状態にする

ＯＳやアプリは常にメンテナンスがされています。そして、新しい機能が追加されたり、不具合が解消されたりすると、私たちにお知らせが届きます。

ときどき、スマホにくる「アップデートしますか」という通知ですが、あれは「ご自宅の保守点検が終わりました」「不具合が見つかりましたので解消しておきます」「最新のものにお取り替えできます」という意味。「怪しい！」と無視せずに、「タダでメンテナンスしてくれて、ありがとう」という気持ちで受け入れるのがよいでしょう。

スマホは常に最新の状態にして使うのがセキュリティ上安心なのです。

【原因その③】なぜか先に進めない

入力した文字が本当に合っているか確認すれば解決

「入力内容に誤りがあります」
「このメールアドレスの登録はありません」
「アカウントの確認ができませんでした」

会員登録を使用するときや、以前も使ったことのあるネットショッピングをまた利用するときに、こんなメッセージが出てきた経験は、どなたもあるはず。

今は、インターネットで参加申し込みや利用登録ができて便利な時代です。なかなかつながらない電話をかけなくてもいいし、わざわざ申請用紙をもらいに行ったりしなくてもすみます。

それなのに、せっかく時間をかけて入力したのに、こんなメッセージが出るとそこで立ち往生――。

でも、そんな**つまずきの原因の9割は「文字の打ち間違い」と「入力もれ」**。

この関所の門番はかなり厳しく、ルールに従わない入力を通してくれないのです。

①半角と全角は合っていますか？

ＩＤやパスワード、住所の番地などを入力する欄に、「半角の数字で」という指定のときに、その指示通りにしているか確認しましょう。といっても見た目ではわかりにくいもの。日本語が打てる状態で「数字」を入力するときは、特に気をつけましょう。半角の数字で、という指示のときに5（半角）ではなく５（全角）と入れただけでもエラーになってしまいます。

②ひらがな、カタカナは合っていますか？

ふりがななどは「ひらがなで」「カタカナで」と入力方法を指定されることもあります。指示通りに入れているかこちらも確認を。

③大文字、小文字は合っていますか？

パスワードを作るときに、「アルファベットの大文字と小文字を含む○文字で作成」と指定されることがあります。その場合、最初に登録した通り、大文字と小文字の区別も正確に入力する必要があります。

④不要な記号や空白が入っていませんか？

電話番号を入れるときは、「-」（ハイフン）なしで、と指定されることもあります。気づかず、不要な記号を入れてしまっていたり、空白が入っていたりすることも意外に多いです。

⑤それでも、間違っていないと言い切れますか？

もしかして、間違って入力しているかもしれない……と、少しでも不安になったら入力欄の端にある目のマークか、「パスワードを表示」という文字がある場合はタップしてください。入力した文字が見えるようになるので、一文字一文字確認できます。確認のため、一度メモ帳などに入力してみてもよいですね。

⑥「同意する」「確認」のチェックをしましたか？

注意事項や規約の確認義務がある場合、「同意する」のチェックボックスにチェックを入れること（☑）を求められる場合があります。その場合、チェックを入れないと次へ進めないため、画面の下のほうを確認してみましょう。

すべて〝門番〟の言う通りに入力してあれば、必ずこの関所は通れるはずです。「間違っていないはずなのにおかしい……」というときは、この内容を頭に入れて、もう一度、上から下まで見直してみてください。どこかに、指示通りにしていない箇所があるはずです。

困りごとあるある！「画面がすぐ暗くなる」「クルクル回る」

ここからは、つまずきの原因ベスト3と同じくらい頻発する、**スマホの「困りごとあるある」を解決していきます。**

初心者の方向けの講習会でよく言われるのは、「このスマホ、すごく使いにくい」ということ。伺うと、「画面の説明を読んでいるうちに、画面が暗くなっている。番号を入れなくてはいけないときもあって煩わしい。スマホってこんなめんどうなものなの？」とおっしゃるのです。

どれどれと拝見してみると、その方のスマホは**画面の設定が「初期設定」のままになっていました。**

初期設定とは、スマホを購入したときのまま、設定を何も変えていない状態を指します。その場合、**操作をしないでいるとすぐに画面が暗くなってしまうことがよくあります。**機種によって多少違いますが、15~30秒くらいで画面が消えるように設定されていることが多いようです。

画面が暗くなるのはバッテリーの消耗を抑えるためですが、この時間は自分で調整することができます。

同じように、**「画面クルクル」も初期設定でよくある悩みです。**

スカイツリーをバックに撮った写

ありがちな〝画面クルクル〟

スマホの「ホーム画面」から、簡単に直せます

真。隣に座った友だちに見せようとして、スマホをちょっと傾けたら、スカイツリーがくるん！　と回転。あらあら、と直そうとすると、またまたくるん！

よくありますよね？

こちらも、実はすぐに解決できます。**Androidなら「自動回転」をオフに、iPhoneなら「画面縦向きのロック」をオンにするだけです。**これで、スマホを横に傾けても、スカイツリーの写真がクルクル回らなくなりますよ。

「ロック画面」と「ホーム画面」

スマホの電源ボタンを押して、最初に表示されるのがロック画面で、
ロックを解除すると現れるのがホーム画面です。

①スマホをしばらく使っていないと画面が暗くなる。バッテリーの消費を抑えるための「スリープ」の状態（スマホはひと休みしている）。
②電源ボタンを押すと「ロック画面」になる。
③ロックを解除するための画面（ホーム画面の前の門番）。ロック解除にはパターンをなぞる、番号の入力、顔認証、指紋認証などの方法がある。
④ホーム画面が表示される。

Androidの場合

①スリープの状態

②ロック画面

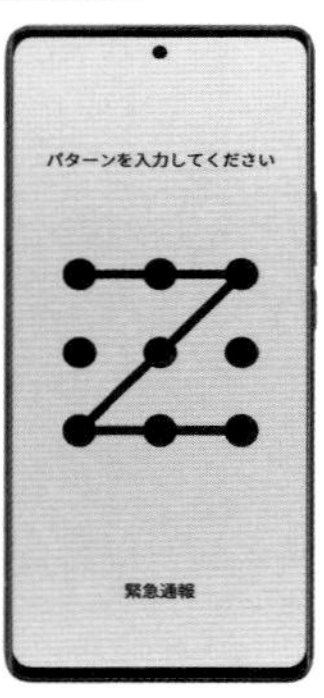

③ロック解除

④ホーム画面

iPhoneの場合

①スリープの状態

②ロック画面

③ロック解除

④ホーム画面

ホーム画面への戻り方

ホーム画面は、すべての操作のスタート地点。操作に迷ったらホーム画面に戻りましょう。ホーム画面への戻り方は、機種によって異なります。あなたのスマホはどのタイプですか？

Androidの場合

下に◀●■がある
タイプは、●をタップ。

下に ▬▬▬ がある
タイプは、▬▬▬ を
軽く上に動かす。

どのアプリを
使っているときでも
ホーム画面になる。

iPhoneの場合

本体に丸いボタン
（ホームボタン）がある
タイプは、ボタンを押す。

下に ▬▬▬ がある
タイプは、▬▬▬ を
軽く上に動かす。

どのアプリを
使っているときでも
ホーム画面になる。

暗くなるまでの時間は自分で調整できる

「画面がすぐ暗くなる!」の解消法

（Google Pixel 4a、iPhone 15を使用。画面は2024年4月時点）

Androidの場合

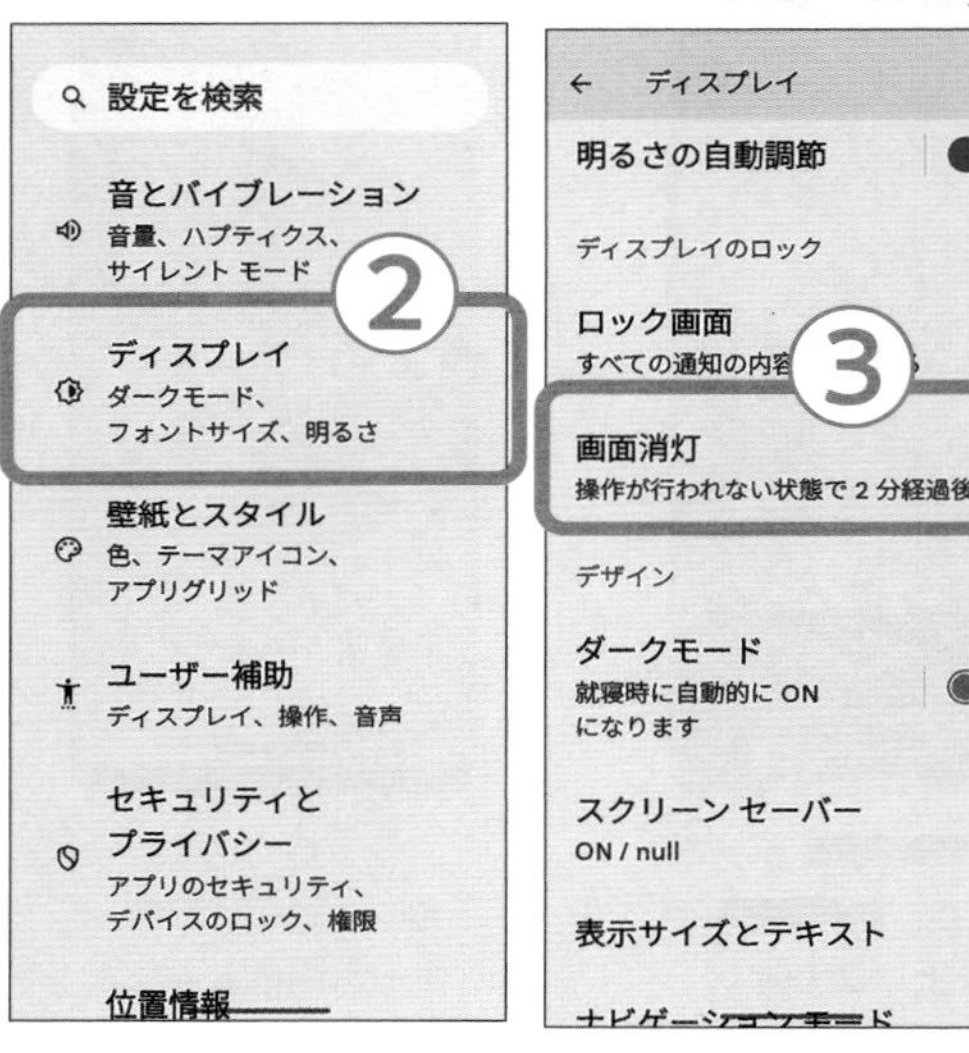

①ホーム画面の⚙【設定】をタップ。

②【ディスプレイ】をタップ。
「画面」などの場合もあり

③【画面消灯】をタップ。
「スリープ」などの場合もあり

④好みの時間をタップし、ホーム画面に戻る。
Androidは機種によってメニューの名前が異なります。上記を参考に【ディスプレイ】【画面】【画面消灯】【スリープ】などの言葉を探してみましょう

iPhoneの場合

①ホーム画面の⚙【設定】をタップ。

②【画面表示と明るさ】をタップ。

③【自動ロック】をタップ。

④好みの時間をタップして、ホーム画面に戻る。
【なし】はやめましょう

画面を縦に見るときはオフ、 横に見るときはオンにすると便利

「画面がクルクル回る！」をストップ

（Google Pixel 4a、iPhone 15を使用。画面は2024年4月時点）

Androidの場合

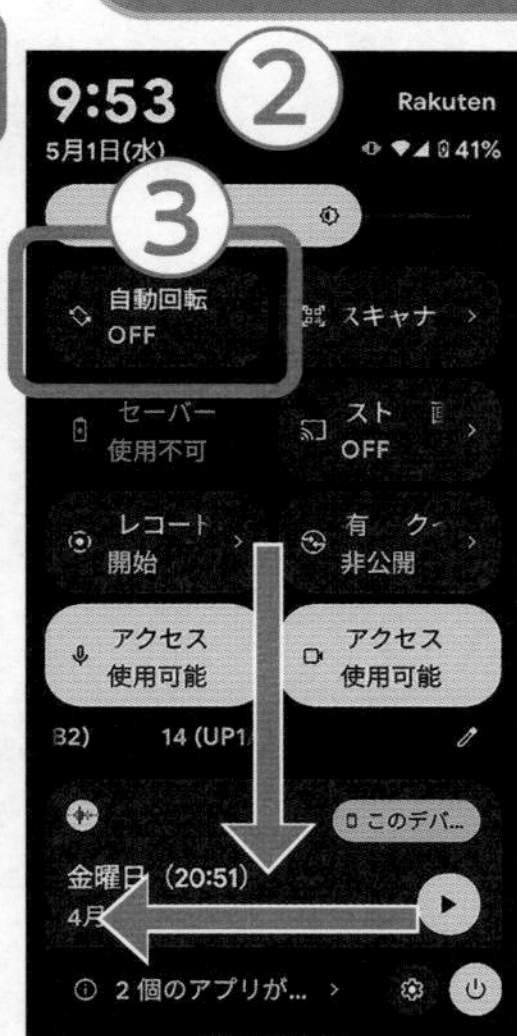

①スマホの上部から、指をゆっくり下に動かす。

②よく使うメニューが集まっている【クイック設定】の画面が表示される。

③【自動回転】をタップしてオフにする。

【自動回転】が見つからないときは、さらに画面を下げる。また左に動かす

iPhoneの場合

①iPhoneの上部右から指をゆっくり下に動かす。

ホームボタンのあるiPhoneは画面下から指をゆっくり上に動かす

②よく使うメニューが集まっている【コントロールセンター】が表示される。

③【画面縦向きのロック】をタップしてオン（鍵が赤い状態）にする。

「電話に出られない・切れない」は受話器の色を確認

スマホを持って間もない、生徒のSさんに電話をかけたところ、何度かけても「ブチッ」と切られてしまったことがあります。Sさんいわく「**電話が鳴ると焦ってしまって、電話を取ったつもりが間違えていたんですね……**」と。

スマホデビューをしてよくあるのが、「電話に出られない」「電話が切れない」問題です。でも、この問題は「色」で解決できますよ。

電話に出るときは「緑の受話器」、電話を切るときは「赤い受話器」。**信号機と同じように考えてみましょう。**

- **赤は止まれ＝受話器を置く**
- **青（緑）は進め＝通話する**

また、スマホを使い始めたばかりの母と「じゃあね」と会話を終え、電話を切ろうとした私の耳に「おとうさーん」、そんな声が聞こえてきました。
「おや？」と思って、もう一度スマホを耳に当ててみたところ、また母の話し声が遠くに聞こえてくる——。そうです。母は、**電話を切ったつもりが切れていないまま、スマホを置いて離れてしまった**というわけです。

「じゃあまたね」と電話を切ろうとして、画面を見たらホーム画面になっている。「あら？　電話はもう切れたのね」と勘違いしてしまい、実は切れていないというケース。こちらも、「スマホのあるある」なのですが、どちらかが切るまではずっと電話中ということになってしまいます。

でもこれ、よーく画面を見てみると、**どこかに小さく、「通話中」の緑色の受話器のマークが残っています。**これが見えたら、まだ通話中ということです。

電話に「出る」方法と「切る」方法

「緑の受話器＝電話に出る」、「赤い受話器＝電話を切る」です。
通話中、スマホに軽く触っただけで画面が変わってしまうことがあります

Androidの場合

緑の受話器で
着信を受け、
おしゃべり

通話中にどこか触ってしまった!
でも画面上に受話器のマークがあるので、
タップすれば通話中の画面になる

赤い受話器を
タップして
通話を切る

iPhoneの場合

緑の受話器で
着信を受け、
おしゃべり

通話中にどこか触ってしまった!
でも画面上に緑色の表示があるので、
タップすれば通話中の画面になる

赤い受話器を
タップして通話を
切る

アプリは動かせる⁉

知り合いの、40代の男性の話です。久しぶりに実家に帰省した際、70代のお母さまからこんなことを言われたそうです。

「スマホって便利なようで、不便ね。ＰａｙＰａｙを入れたのはいいけど、最初の画面にアイコンがなくて、使うたびに探さなきゃいけないんだから！」

ピンと来た男性。お母さまに、

「アプリの場所って動かせるよ」

と教えてあげて、1番目に出てくるホーム画面にアプリを移動すると、「あら……すごいのね」と、ちょっと恥ずかしそうにしながらも、感心していたそうです。

ホーム画面の1ページ目も、2ページ目も、すでに埋まっていて、自分の追加したアプリは何回も画面を動かさないと出てこないことがほとんど。使いたいものが一番うしろというのも不便ですよね。

アプリが急に消えた！

こちらもよく受けるご相談です。この場合、**何かのはずみで、ご自分でどこかに移動してしまった。**ということが、ほとんどです。ちょっと触ったつもりが、「長押し」になっていて、気づかないうちに移動していた。およそこんな感じです。

スマホの画面をよく探してみて、それでも見つからないときは、**アプリ一覧から検索をしてみてください。うっかり削除していない限りは、この方法で見つかるはずです。**アプリ一覧から探す方法は、Ａｎｄｒｏｉｄの場合は、60ページの「録音」の使い方の②にあります。ｉＰｈｏｎｅの場合は、ホーム画面を指で左に動かしていくと、画面の上に「アプリライブラリ」が出るので、そこに探したいアプリ名を入れます。

もし、本当に削除していて「消えて」いたのであれば、もう一度アプリストアで入手すればよいだけです。

アプリを削除してしまったら、これまでのものが全部使えなくなる、と思われるかもしれませんが、そんなことはありませんのでご安心を。

アカウントを利用するアプリの場合、入れ直したアプリに、もう一度ＩＤとパスワードの情報を入れれば、前と同じ状態に復活して同じように使えますよ。

アプリを削除＝アカウントを削除、ということではないのです。

ちなみに、アプリストアでアプリを探したところ、「開く」と出てきた場合は、実際には削除していないということ。「スマホのどこかにまだあるよ」という証拠なので、もう一度検索して、迷子のアプリを探してあげてくださいね。

アプリをまとめる・移動する

アプリが増えてきたら、関連のあるものをまとめておくとよいでしょう。まとめたアプリは、同様の手順でホーム画面に取り出すこともできます。

Androidの場合

①まとめたいアプリを長押しして、別のアプリの上に重ねる。

②アプリが１つのフォルダー（入れ物）にまとまる。

③フォルダーをタップし【名前の編集】をタップ。

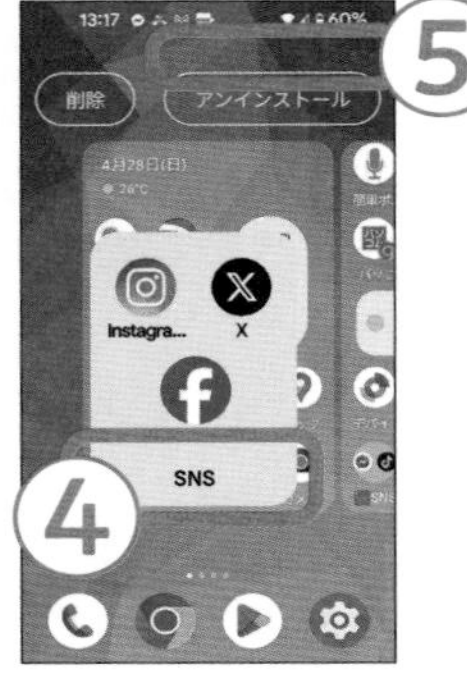

④フォルダーの名前が変更できる。
⑤何もないところをタップ。

iPhoneの場合

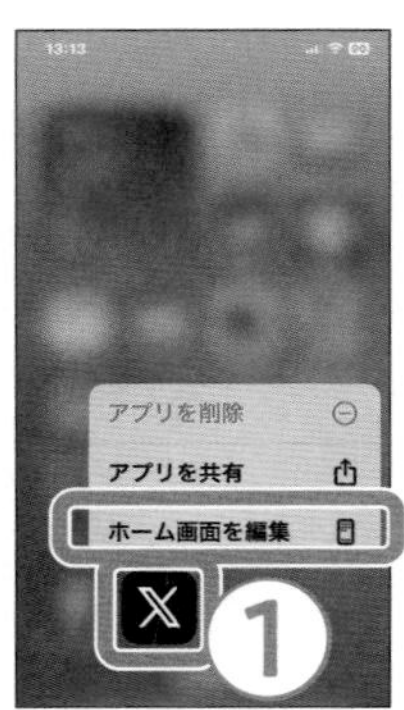

①まとめたいアプリを長押し【ホーム画面を編集】をタップする。

②アプリがブルブル揺れる。まとめたいアプリに重ねる。

③アプリが１つのフォルダー（入れ物）にまとまる。

④フォルダーの名前をタップすると変更できる。
⑤何もないところをタップ。

アプリの移動

アプリを押したまま指を離さず、移動したい場所まで移動して、指を離します。

アプリを終了する

アプリはいちいち終了させる必要はありませんが、動きが重たいなどの不具合があったら、一度終了させてみるとよいでしょう。

Androidの場合

①画面下の▬を上に動かし一度手を止める。

①下に□がある場合、【□】をタップ。

②画面を左右に動かし終了したいアプリを見つける。

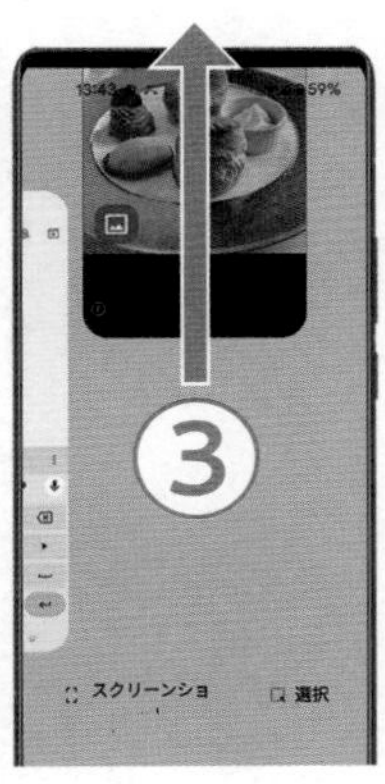

③終了したいアプリを上に動かす。

iPhoneの場合

①画面の下から指を上に動かし一度手を止める。

①ホームボタンがあるiPhoneはホームボタンを押す。

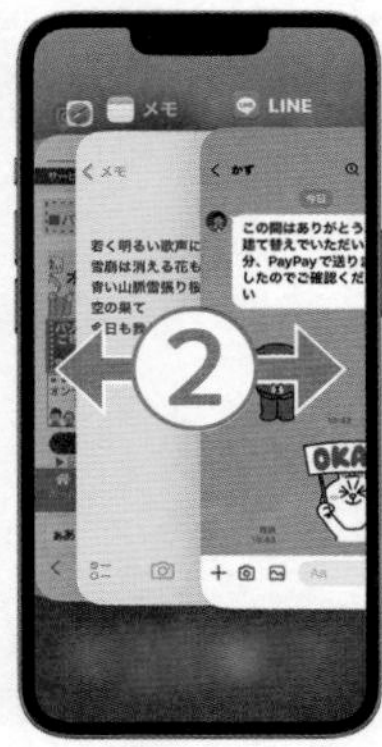

②画面を左右に動かし終了したいアプリを見つける。

③終了したいアプリを上に動かす。

画面ロックなくして、「セキュリティ」ならず

講習会を行うと、けっこうな割合で「画面ロック」をかけていない方がいます。これは、**誰でも勝手に、あなたのスマホが使えてしまう危険な状態**です。

そんな方々に言いたいのは、

皆さん、今日は家の鍵をかけてきましたか？　ドアを開けっぱなしで出かけたら不用心。スマホもそれと同じですよ！

ということです。

「いちいちパスワードを入れるのが、めんどうくさい」そうですよね、わかります。

「忘れたり、落としたりしたことないから大丈夫！」そうかもしれませんが……。

でも、あなたが泥棒なら、どちらの家に入りますか？

A　鍵がかかっている家

B　鍵がかかっていない家

当然、Bの鍵がかかっていない家に入るはず。

「どの家に入ろうかなー」と下調べしているときに、鍵がかかっていない家を見つけたら「ラッキー！」と真っ先に狙いませんか？

スマホに画面ロックをかけないのは、まさしくこういうことです。

画面ロックをかけると、スマホを取り出すたびにひと手間かかります。確かにめんどうです。

でも、そのめんどうな行為が、悪い人を近づけないお守りになるのです。

スマホの中には、あなたを含め、周りの方々の名前や住所や、電話番号も入っています。カレンダーを見れば今後の予定もわかるし、メールやSNSを見れば、日頃どんなところで、どんな人と付き合っているのかもわかるし、ことによっては銀行のアプリものぞかれてしまうかもしれません。

まさに、**スマホは個人情報のかたまり。**

それをロックもかけないで人前で使っているということは、人通りの多い、路面の自宅玄関を開けっぱなしにしているようなもの。自宅が丸見えと言っても、大げさではありません。

画面ロックをかけてはいても、誕生日など第三者から推測されやすい数字にしている方の多いこと……これもまたＮＧです。

泥棒の話で言えば、**玄関横の鉢植えの下に鍵を隠しているようなもの。**「しめしめ、見つけたぞ！」とすぐに見破られてしまい、あっさり侵入されるはめになります。

画面ロックに使う「パスコード」は、人から推測されにくい数字の組み合わせを使うようにしてください。

スマホによって画面ロックの設定はいろいろあり、自分で設定した数字を入力する

「PIN」（ピン）や、9つの点を指でなぞる「パターン」のほか、**指紋認証や顔認証**などがあります。

PINやパターンの場合は、外出先でロックを解除する際に第三者に盗み見をされたうえで盗難に遭う……という可能性もあります。**見知らぬ人が周りにいるときにロックを解除する際は、盗み見されないように十分、気を付けるようにしてください。**

その点、顔認証や指紋認証は本人以外、解除できないので安全性が高いと言えるでしょう。2017年以降に発売されたiPhoneには「Face ID（フェイスアイディー）」という顔認証があり、画面に顔を見せるだけでロックが外れる手軽さと、自分の顔が鍵になるセキュリティの高さで、生徒さんたちにはとても好評です。

方法はいろいろありますが、大事なことなので、最後にもう一度言いますね。

スマホには、今すぐロックをかけましょう。

やり方は、次のページにあります。

Androidの場合

画面ロックのかけ方

Androidは機種によって、メニューの名前が異なります。下記を参考に「セキュリティとプライバシー」「セキュリティ」「画面ロック」「ロック解除」「解除方法」などの言葉を探してみましょう。

画面ロックが「なし」のまま使い続けるのは避けてください。（画面はGoogle Pixel 4a）

①ホーム画面の【設定】をタップ。
②【セキュリティとプライバシー】をタップ。
③【デバイスのロック解除】をタップ。

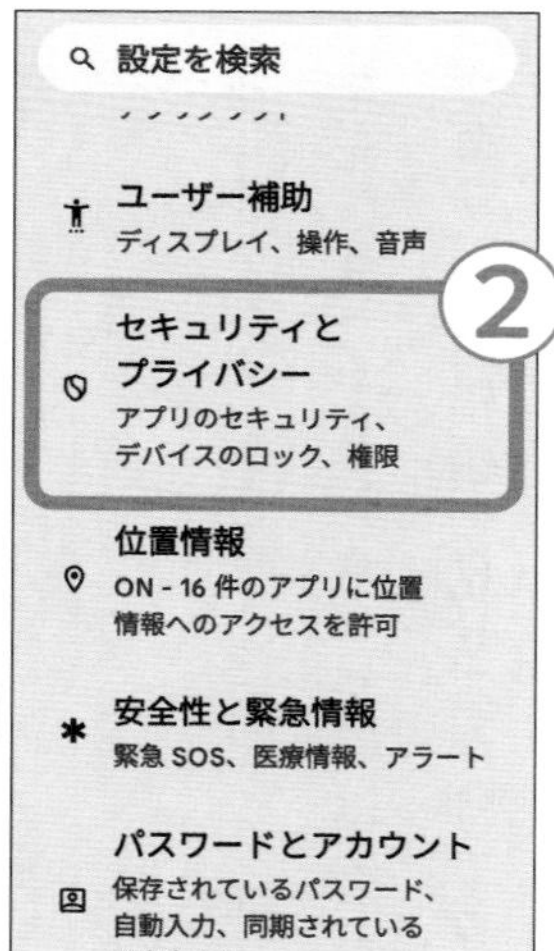

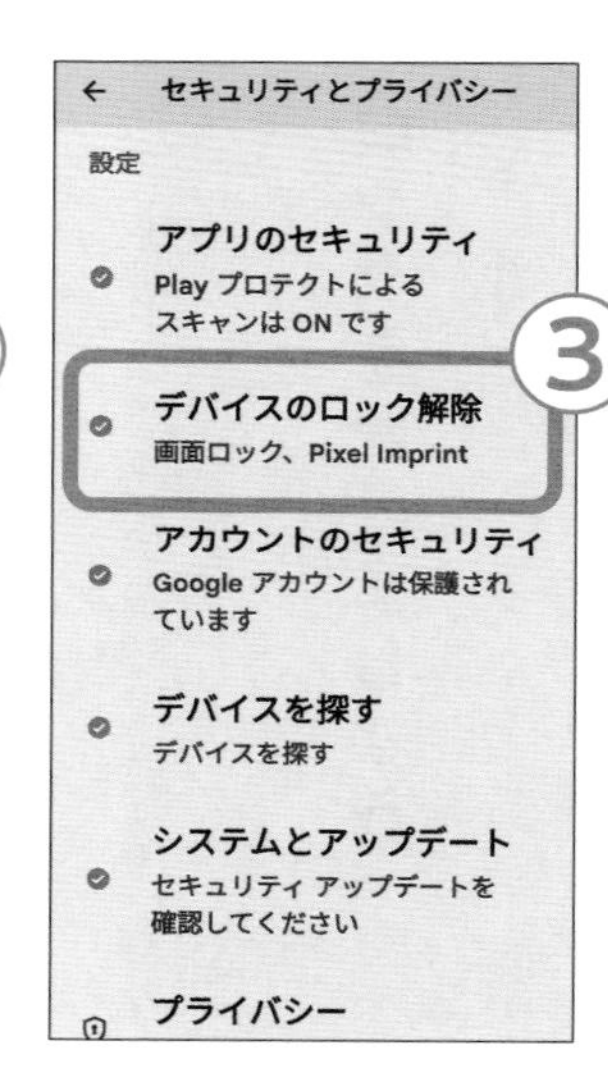

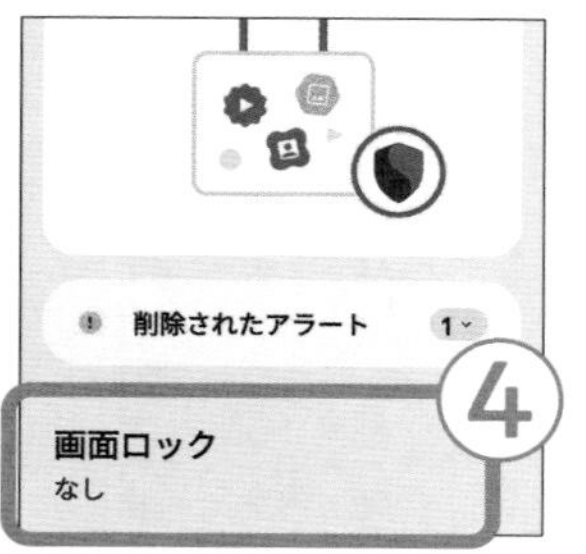

④【画面ロック】をタップ。
⑤【画面ロックの選択】で、ロックを解除する手段を選ぶ。

▼パターン:画面に表示される9つの点を指でつなぐ。
※「Z」など簡単なものは避ける

▼PIN:4桁以上の数字で設定。
※生年月日は使わない

▼パスワード:数字やアルファベットの組み合わせ。
※イニシャルと生年月日などは使わない

⑥ここでは【パターン】をタップ。
⑦9つの点を指でなぞって線を書きパターンとする。書き終わったら【次へ】をタップ。
⑧確認のため次の画面でも同様に指でパターンを書き、【確認】をタップ。
⑨ロック画面に表示される通知については、【すべての通知の内容を表示する】を選び、【完了】をタップ。

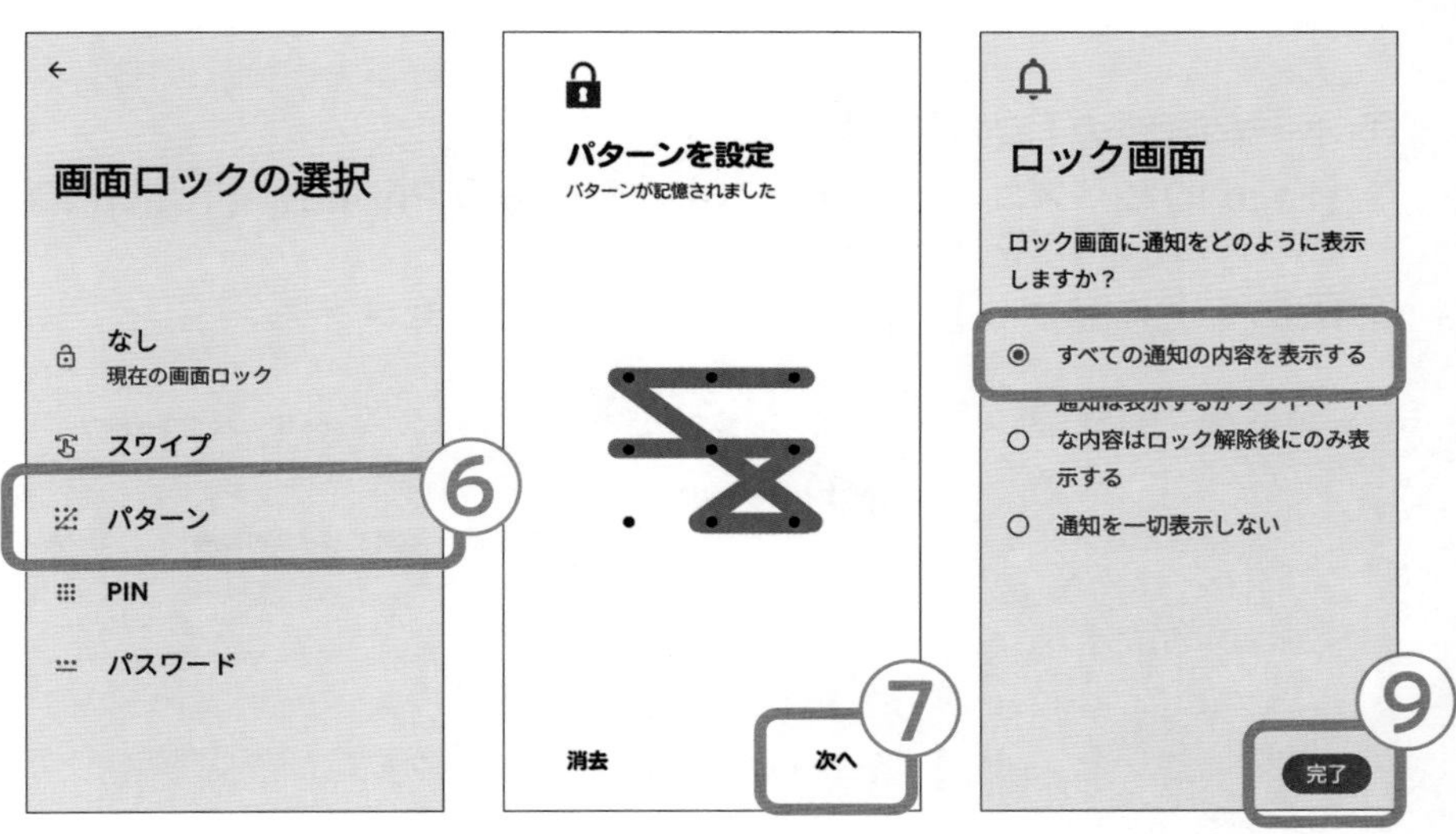

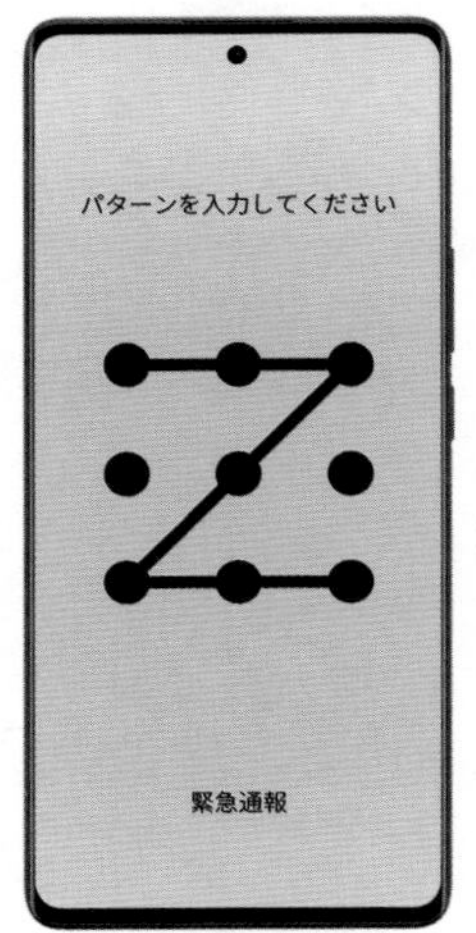

設定したパターン（PIN、パスワード）は忘れないように必ず控えておきましょう。設定したものを忘れてしまい何回も入力し、相当な回数を失敗すると、最悪の場合スマホが買ったときの状態に戻ってしまう（初期化）ことがあります。
画面ロックの大切さは本書でもお伝えしていますが、忘れてしまうのが嫌で設定しない、というのは本末転倒です。スマホを使う上で、ご自分で設定したものは、ご自分できちんと把握しておくことが大切です。

iPhoneの場合

画面ロックのかけ方

【パスコード】は「数字のみ6桁」で設定します。
手順の途中で出てくる【パスワード】は、アルファベット大文字と小文字を両方とも含み、
数字も少なくとも1文字使われているものです。
（画面はiPhone 15）

①ホーム画面の【設定】をタップ。
②【Face IDとパスコード】（ホームボタンのあるiPhoneは【Touch IDとパスコード】）をタップ。
③画面を上に動かし【パスコードをオンにする】をタップ。

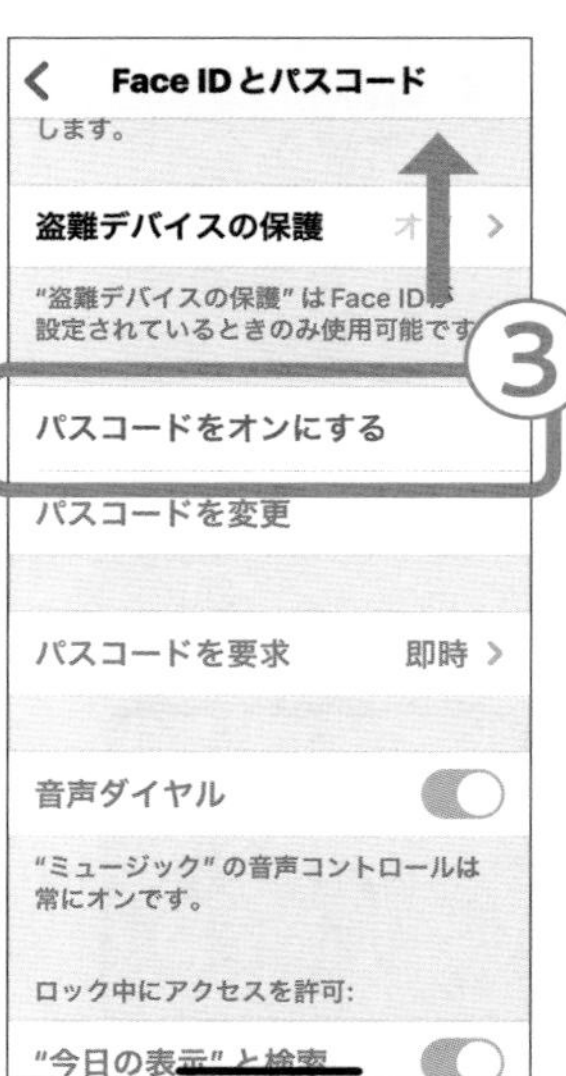

④ 6桁の数字を入力。
※生年月日などは避ける

⑤ 確認のためもう一度6桁の数字を入力。

⑥【Apple IDパスワード】の画面で、パスワードを正確に入力。
※大文字はキーボードの⇧を押して入力

⑦【サインイン】をタップ。

設定したパスコード（6桁の数字）は忘れないように必ずノートに控えておきましょう。

Face IDとパスコード
FACE IDを使用:
iPhoneのロックを解除
iTunes Store と App St...
ウォレットと Apple Pay
パスワードの自動入力
iPhoneで顔の固有な特徴を3次元的に認識し、アプリに安全にアクセスしたり、支払いを行うことができます。Face IDとプライバシーについて...
Face IDをセットアップ

「顔認証」もできる

【Face IDとパスコード】のメニューの中にある【Face IDをセットアップ】を使って、自分の顔を登録し「Face ID」にすることもできます。Face IDは、ロックの解除や、アプリを入手するときのパスワードとして使います。（ホームボタンのあるiPhoneの場合は指紋を登録して、Touch IDとして使います）

「パスワードを忘れる」なら「紙に書く」

スマホにすると、新しいアプリやサービスを使うたびに、毎回、ＩＤとパスワード（アカウント）を作るように求められます。

アカウントごとに、違う数字や文字の組み合わせを考えて登録するわけですから、よほど記憶力に自信がある方でも、覚えておくのは至難の業でしょう。

大文字や小文字、記号の有無なども考えたら、**とてもじゃないけど記憶するのは無理**というもの。だからといって、パスワードを使いまわすのだけは絶対にやめてくださいね。

ＩＤとパスワードの管理は、若い世代でもたくさんの方が苦労しています。しかも、あやふやな記憶で、「あれかな？」「これだったかな？」と何度も入力しているうちに、スマホやウェブサイトから**「この人は怪しいぞ」と認定されて、パスワードの入力さ**

えも拒まれるはめになることもあるのです。

そうなると、一定期間使えなくなるなど、厄介なことになります。

覚えられない、間違って入力すると使えなくなる、それでもアカウントからは決して逃れられない……スマホを持ったら最後、待ち受けているのは、

ＩＤ・パスワード地獄……

と悲観したくもなりますが、地獄から救い出してくれるのが**1冊のノート**です。

文字通り、ノートです。紙のノートであれば、なんでも結構です。1冊、スマホ専用に用意してください。これは

アカウント情報をまとめるための「アカウントノート」です。

書いておくことは、【アカウント名】（例えば、「Ｇｏｏｇｌｅアカウント」、「ＬＩＮＥのアカウント」など）、【ＩＤ】、【パスワード】の3つ。

アナログな方法ですが、いちばん確実で、いちばん役に立つはずです。ノートの書き方には、ちょっとしたお決まりがあります。

【アカウントノートの書き方　三箇条】

その一　**1ページ当たり、1アカウント**

例えば、「Ｇｏｏｇｌｅアカウント」を1ページ目に書いたら、余白があってもそれ以外は書きません。理由は、アカウントが2つ並んでいると、間違えてしまう可能性があるためです。異なるアカウントは、別のページに書きましょう。

その二　**大きく、きれいに、はっきりとした活字で書く**

たとえ自分の文字でも読み間違えたり、小文字と大文字の区別がつかなくなってしまったりすることがよくあります。はっきりと、大きい文字で、誰が見てもわかるように記録しておきましょう。特に、**数字の0と、アルファベットの0、数字の1とアルファベットの小文字のlなど、見間違えやすいものは「ゼロ」「オー」「イチ」「エル」と、フリガナを振っておくと安心**です。

その三　**間違えたら、修正液で消してから書き直す**

書き損じたときに二重線で消したり、ぐしゃぐしゃと文字を塗りつぶしたりしないこと。どれが合っているのか、見誤る可能性があります。間違えたときは、修正液でしっかり消してから、新たに丁寧な文字で書くようにしましょう。そしてこのノートには、スマホに関連するそのほかの情報も記録しておくとよいでしょう。

アカウントノートの書き方

アカウント名

ID

パスワード

記入例

Googleアカウント

・ID（登録メールアドレス）

Ascom..B\%@gmail.com

・パスワード

Pa6\mm9?E

アカウントノートは、くれぐれも家の外には持ち出さないように。ご自分と、ご家族だけが知っている場所にしまってください。

アカウントノートは「家族への愛ある遺産」

「うちの母、スマホとかネットのパスワードを、ぜんぶ手書きでノートに書いているんですよ。セキュリティを考えると、危なくないですか?」

知り合いの40代の女性が、こんなふうにおっしゃっていました。お母さまを心配するお気持ちはわかります。もし、誰か悪い人がこの1冊のノートを見たら……。

確かに、「アカウントノート」でその危険性はゼロではありません。それでも、私がアカウントノートの作成をすすめるのには、「便利で役に立つ」ことのほかにも、**とても大切な理由**があるからです。

ある50代の男性は、80代のお父さまと一緒にアカウントノートを作りました。「母はすでに他界していて父は一人暮らし、私も独身で一人暮らしです。**お互いに何**

かあったときには、ノートを見れば、解約などの手続きができるから安心だと話しています」

家族みんなが「私のアカウントノート」を作っておけば、お互いに何かあったときに重宝します。私もアカウントノートを作っていて、夫と息子にノートがどこにあるのか伝えてありますよ。

また、先日、私の教室に通ってくれていた、最高齢の生徒さんがお亡くなりになりました。

私は訃報を受け取ったとき、「これからきっと、ご家族はアカウントノートを見ながら『スマホじまい』をするのだろうな」と、しんみりと考えていました。

ＳＮＳを閉じたり、有料サービスを解約したり。「スマホじまい」には、それなりの手続きを必要とします。

そんなとき、何も手がかりがなかったら、家族は途方にくれてしまうことでしょう。

アカウントノートは、そうしたときの助けになるのです。

「知らない人からの変なメール」は無視して大丈夫

あなたのご自宅のポストに入ってくる、宛名のないダイレクトメール。いつもどうされていますか?

- **ちらっと見て、そのままゴミ箱に入れている**
- **どうしよう……我が家が狙われている! 警察に行く**

よほどの内容でない限りは、そのままゴミ箱にポイッ、ではないですか?

スマホには、ときどき知らない差出人からの、怪しいメールやメッセージが来ることがあります。こんな感じの文面が多いでしょう。

「○○銀行です。お客様の口座は現在、ご利用を停止させていただきました。ご本人確認のお手続きをお願いいたします」

そして、○○銀行のホームページのアドレスが青字の英数字(リンク)で書いてあったり、お問い合わせはこちらというボタンが用意されていたり。

でも、ちょっと待って！　これは詐欺メールです。

ほかにも、

「お客さまのアカウントに不正なログインがありました」

「お荷物のお届けにあがりましたが不在のため持ち帰りました。下記よりご確認ください」

「お客さまのキャリア決済に不正利用がありました」

などなど、あの手この手で不安をあおってきます。

有名企業や郵便局、銀行や政府などを装って、「利用停止」とか「滞納している」などと送ってくるため、ドキリとしてしまい、慌てて反応をしてしまう方がいるようです。

うっかりこうした**詐欺メールに反応してしまうと、知らない間に名前や住所、クレジットカードなどの個人情報を入力させられる**はめに。

基本的には、**こうしたメールには一切反応せず、無視して大丈夫。**

詐欺メールが来たとき、個人情報がもれているのでは、と不安になると思いますが、ほとんどの場合、心配ありません。

詐欺メールは、あなたを狙い撃ちしているわけではないからです。

こうした詐欺を働く組織は、特定の誰かに送っているわけではなく、適当な電話番号やメールアドレスに対して、あてずっぽうに何百、何千と一斉に送りつけているだけ。とにかく誰でもいいからメールを数多く送っておけば、そのうちの数人は引っかかるだろう……という目論見なんですね。いわば、自宅の郵便ポストに届く宛名のないダイレクトメールや投げ込みチラシと同じです。

こうした詐欺メールが来ると「気持ち悪いから、削除したい」という方がいます。

でも**何かしらの操作をしたはずみにリンクに触れてしまい、偽サイトの画面を開いて**

しまう場合もあるので、何もせずそのまま放置でいいでしょう。

1つ反応を見せてしまうと、そこに詐欺師が喰いついてきて、また違う誘導をしかけてくることもあります。

私たちよりも詐欺師のほうがずる賢いのが常ですから、危険を限りなくゼロにするためには、反応しないことが最善の策です。

うっかり詐欺メールのリンクに触ってしまって偽のホームページが開いてしまった！　あとでお金を請求されるのではないかと思うと不安で不安で……そんなこともあるかもしれません。

でも、そのページを見ただけで、お金があなたの銀行から引き落とされることはありません。まずは大きく深呼吸。

間違っても、慌てて住所や口座番号を入力したり、実際にお金を振り込んだりすることはしないでください。

もう一度言います。詐欺メールには、反応しないでください。

「広告が怖い！」落ち着いて〝×〟で閉じる

「スマホで動画を見ていたら急に『メモリがいっぱいです』と出てきた」

最近、特に生徒さんからご相談されるのが、こちら。

見ているものと関係ない動画が、一番上に表示される。**実はそれ、広告です。**

よーく見ると、その表示の端に小さく「×」マークがあり、そこをタップすると広告表示を消すことができます。

でも、わざと小さくわかりにくい場所にあるので、本当に不親切だと思います！

ほかにも、

「〇〇件のスパムメールがあります。メールボックスを整理してください」

「ウイルスに感染しました」

というパターンもあるのですが、このたぐいは**偽アプリに誘導する詐欺広告**の可能性が高いので、触らないように注意してください。

「×」を見つけてそっと閉じるか、前の画面に戻れるか試してみて、できない場合はアプリを閉じてしまいましょう。

閉じ方は151ページに説明があります。

ちなみに、サイトを開いたときに「Cookie（クッキー）を受け入れますか？」「続行する場合はCookieを有効にしてください」というメッセージもよく出てくると思いますが、**こちらは怖がらなくて大丈夫。**

Cookieとは、あなたの情報をちょっとだけ覚えておく仕組みです。ホームページで毎回、会員IDを入れたり、ネットショッピングで名前や住所を毎度入力したりするのは大変ですよね。そんなとき「毎回入力するのはごめんどうでしょうから、私（スマホ）が代わりに覚えちゃってよろしいですか？」という意味なので、「受け入れる」とか「許可する」を選んで大丈夫です。

「ＱＲコードは撮影しない」でレンズに見せる

「番組の情報は、画面右上のＱＲコードからもご覧になれます」

テレビを見ていると、いつからかアナウンサーがこんなことを言うようになりました。実際に、画面の右上には白黒のモジャモジャした模様。おそらく、すでにご存じの方も多い「**ＱＲコード**」があります。

テレビに限らず、レストランのメニューやスーパーのチラシ、レシートや処方箋など、あらゆるところで目にするようになりましたね。今や、公的な手続きに必要な書類にさえ、使われるようになっています。

ＱＲコードは「撮影」するものではなく「読み取る」ものなのですが、勘違いしている方もけっこう多く

「ＱＲコードを読み取ったけど、何も起こらない」

とおっしゃる初心者さんのスマホを見せてもらうと、ＱＲコードの写真が何枚も保存されているということがよくあります。

「読み取る」が意味するのは、

×　スマホのカメラのシャッターを押し、ＱＲコードの写真を撮る

○　スマホのカメラのレンズに、ＱＲコードを見せる

なのです。

スマホのカメラのレンズに、ＱＲコードを見せてみると……フワ〜っと文字が浮かんできます。**さながら、あぶり出しのよう。**

浮き出た文字をタップすると、対応するページが開く仕組みです。ＱＲコードをスマホのレンズに確実に読み取ってもらうには、スマホを揺らさないようにしっかり持って、１〜２秒は動かさないようにすることが必要です。

ＱＲコードの**モジャモジャの模様の中には、ホームページに飛んでいくための住所が隠されています。**

その住所のことをＵＲＬ（ユーアールエル）といいます。アルファベットや数字、記号の入った長い文字列なので、いちいち指でポチポチ打つのは大変ですよね。だから、ワンタッチで指定のホームページに飛べるように作られたのが、ＱＲコード＝Ｑｕｉｃｋ Ｒｅｓｐｏｎｓｅ（クイックレスポンス）コードというわけです。

ＵＲＬが浮き出てこないときは、スマホのレンズにＱＲコードをちゃんと見せられていないのかもしれません。スマホの背についたレンズの位置をもう一度確かめてから、そこにしっかり映るようにＱＲコードにかざしてみてください。距離が近すぎても読み取れませんし、スマホがゆらゆら揺れてしまってもうまくいきません。

● **ＱＲコードが都合いい場合** ↓ 紙面に限りがある、市町村の広報誌や旅行パンフレットなど。ＱＲコードを読み取れば、さらに多くの情報を得ることができます。

最近ではＱＲコードを読み取って、自分のスマホから注文できるレストランも増えてきました。もう大きな声で、忙しそうな店員さんを呼ばなくても大丈夫。

●**読み取ると、楽しいことが起こる場合**　↓　商品パッケージなどについているＱＲコードなど。例えば、その食品を使ったレシピが見られたり、ＣＭに使われている音楽が聞けたり。お得情報や、お役立ち情報があります。

コツをつかめば、難なく読み取れるようになります。せっかくなので、今ここで練習してみましょう。

下にあるのは、私があなたのためだけに用意したＱＲコードです。**これを読み取った先に私の姿が現れたら大成功です！**

さて、なにが
現れるでしょうか？

※ＱＲコードは、株式会社デンソーウェーブの登録商標です。

シャッターを押さずに〝レンズに見せる〟のがコツ

「QRコード」の読み取り方

（画面は2024年4月時点）

Androidの場合

①ホーム画面の検索バーにある【Googleレンズ】をタップ。

②写真が表示されたら下に動かす。

③Google レンズの画面で、スマホがブレないようにしっかり持ってQRコードの上にかざす。

QRコードが読み取られると、その上に文字が表示される。その文字をタップ。

④対応するページが開く。

どんなQRコードでも、読み方は同じ

お店でQRコードを読み取ってテーブルから注文ができたり、自治体の広報誌内のQRコードから申し込みができたり。ぜひ、試してみましょう。

iPhoneの場合

①ホーム画面の【カメラ】をタップ。

②スマホがぶれないようにしっかり持ってQRコードの上にかざす。

QRコードが読み取られると、下に文字が表示される。その文字をタップ。

ホームボタンのあるiPhoneは、上に文字が表示される

③対応するページが開く。

左のスマホ画面と同じものが出たら大成功!

「Wi-Fiを使う」とスマホ料金にビクビクしない

インターネットにつなげないとできないものは、どれでしょうか?

①電話
②写真やビデオの撮影
③音声での情報検索
④LINEでメッセージのやり取り
⑤QRコードを読み取る

答えは、③、④、⑤。もちろん、これだけではありません。**スマホでできる、多くの事柄はインターネットにつなげないとできません。**

スマホでインターネットにつなげるためには、2つの方法があります。

1．携帯会社の回線である「モバイルデータ通信」を使う

2．「Ｗｉ－Ｆｉ（ワイファイ）」という無線のインターネット回線を使う

あなたが毎月払う「携帯電話料金」には、モバイルデータ通信代金が入っています。1か月に使えるデータ通信の量は「○ギガ」と契約によって異なっていて、**「データ無制限」の契約でなければ、使いすぎて超過料金がかかることもあります。**

データ通信の量を「水」とイメージすると、わかりやすいでしょう。○ギガの契約とは、「1か月に○リットル水が飲めますよ」という意味。あなたは、1か月分の水が入ったタンクを背負って生活しています。飲めばその分水の量は減り、次の月にならないと満タンになりません。タンクが空になって、さらに飲みたければお金を出して買うということです。

一方、Ｗｉ－Ｆｉは、**みんなが使える無料の水飲み場。**入り口の鍵が必要な場合と必要ない場合がありますが、ここから飲めば自分のタンクの水は減らずに済みます。

Wi-Fiは勝手につながらない「自分でつなげる」

スマホを使うとき、何を楽しむかによって必要なデータ通信量が異なります。**たくさんのデータ通信量が必要な代表例は「動画」**。ご自宅にWi-Fiがあってそれを使っていれば、動画を長時間見ても問題ありません。でも、外出先では限りあるデータ通信量＝背中に背負った水のタンクを使うため、飲めば飲むほど、タンクの水は減っていきます。

とはいえ、外出先で動画を見たいときもありますよね。そんなときに重宝するのが、**「フリーWi-Fi」**です。

最近では、駅や空港、学校などの公共の場や、カフェやホテルなどの商業施設で、無料で利用できるフリーWi-Fiが用意されているところが増えてきました。

教室の生徒さんが「『フリーWi-Fiが使えます』と書いてある張り紙の近くにスマホを持っていったんだけど、全然つながらなかった」とおっしゃっていましたが、残念ながら、**その場にいるだけではフリーWi-Fiにはつながりません。自分からつなぎに行く必要があります。**つまり、ご自分で水飲み場の蛇口をひねらないと、水が出てこないのです。でも、難しいことではありませんのでご安心を。鍵マークがついている場合は、パスワードが必要です。パスワードはお店などに掲示されていたり、スタッフに聞くと教えてくれたりするので、それを入力すれば接続できます。

フリーWi-Fiはみんなが利用できる便利なサービスではありますが、その分、**セキュリティ上の注意は必要です。通信中に、第三者に通信内容を見られる可能性があるためです。**誰かに見られていることを前提に、知られたくない個人情報を入力することは避けてください。特に、

ネットバンキングの利用、クレジットカード番号の入力はやめましょう。

外出先や海外でも気軽にスマホを楽しめる

「Wi-Fi」につないでインターネットを使う

（画面はGoogle Pixel 4a）

Androidの場合

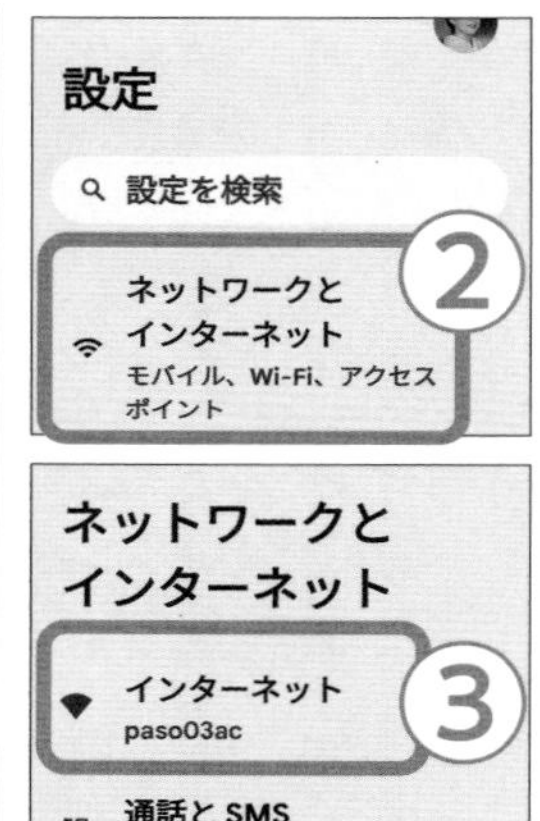

①ホーム画面の⚙【設定】をタップ。

②【ネットワークとインターネット】をタップ。

③【インターネット】をタップ。

【Wi-Fiとモバイルネットワーク】などの場合もあり

④【Wi-Fi】のスイッチが【オフ】のときは、タップして【オン】にする。

⑤今いる場所で使えるWi-Fiの名前が表示される。

接続したいWi-Fiの名前をタップ。

⑥パスワードの入力を求められるので、正確に入力し【接続】をタップ。

⑦画面上に扇のマークが表示される。

シニア向けスマホでは、「すべてのメニュー」をタップしないと表示されない場合もあります

iPhoneの場合

①ホーム画面の【設定】をタップ。

②【Wi-Fi】をタップ。

③【Wi-Fi】のスイッチが【オフ】のときは、タップして【オン】(緑)にする。

④今いる場所で使えるWi-Fiの名前が表示される。

接続したいWi-Fiの名前をタップ。

⑤パスワードの入力を求められるので、正確に入力し【接続】をタップ。

⑥画面上に扇のマークが表示される。

「使い方を聞いたらケンカになる」を避ける2つの方法

私の母は70代でスマホデビューして以来、今ではすっかり扱いに慣れてきました。離れて暮らす孫（私の息子）とビデオ通話をするなど、だいたいのことは一人でできています。

でも、スマホで困ったことがあると、ときどき私に聞いてきます。

「あのね、あなたのメッセージがないんだけど、どうすればいい？」

いきなりこう言われても、話がざっくりすぎてよくわかりません……。どういう状況なのか、いつからそうなのか、何か触ったのか？　**手がかりがまったくないのですから。**

スマホの使い方を教えるプロであるはずの私でさえ、こういうときは「ムムム……！」となります。

生徒さんからも、

「息子にスマホの使い方を聞いたら、『俺だってそんなのわかんないよ』と、意地悪な言い方をするんですよ。**思わず、『もうあなたには聞きません！』とケンカになってしまいました**」

という話をよく聞きます。

一方、お子さんやお孫さんの意見を聞くと、

「顔を見るなり、いきなり質問されて、言っている意味もわからないから、すぐに答えられない。そのうち、**『あなたも、わからないの？』と言われるので、イラっとしてしまいます**」

といった具合です。

他人同士であれば、もう少し言い方に配慮したり、聞きたいことをメモにまとめてから質問したりするでしょうが、身内となればそこまで考えずに聞いてしまう。質問されるほうもよくわからないので、適当に聞き流してしまうかもしれません。

家族だから、自分より若いからといっても、相手はスマホの先生ではありません。あまりに漠然とした内容を、答えて当然のように質問されれば、イラっともするでしょう。

こんなトラブルを避ける2つの解決法をお伝えしましょう。

①人に聞かず、なるべく自分一人でできるようになる

②お互いが気持ちのよい「聞き方」を覚える

まず、①は、これまでこの本でお伝えしてきたことですね。きっと、読み始めたときよりずっと、ご自分でできることが増えたのではないでしょうか。

でも、その扉を開けたばかりのスマホの世界。未知のことは、まだまだたくさんあります。やはり、わからないことは人に聞く機会も多くなるでしょう。

そんなときは、次の3ステップで質問してみましょう。これなら相手も答えやすく、あなたも「それが知りたかったの！」と疑問が解消するはずです。

ステップ1　何のアプリを使っていたか伝える
ステップ2　「いつ」から「どんな」不具合が出たのか伝える
ステップ3　不具合が出る前にやったこと（起きたこと）を伝える

この3つのステップを意識して話すだけでも、だいぶ違います。例えば、先ほどの母の質問も、こんな感じになります。

ステップ1　LINEを使っていた
ステップ2　メッセージを見ようとしたら、あなたのだけない。昨日は見えていた
ステップ3　昨晩、何人かにLINEの返事をした

この情報があるだけでも、質問される側はいろいろ推測できるわけです。私の例なら、

ステップ1　母　LINEを使っていた

ステップ2　私　メッセージって言うから別のことかと思った。LINEのことね。
母　メッセージを見ようとしたら、あなたのだけない。昨日は見えていた
私　他の人のは見えているから、LINEの不具合じゃなさそう。昨日までは見えていたんだから、昨晩何かをやったのかな?

ステップ3　母　昨晩、何人かにLINEの返事をした
私　特定の人（私）だけ見えないということは、何か触っていてトークを非表示にしたのかな、それともブロックしてしまったのかな、あるいは……こんな感じです。

同時に、「**スクリーンショット**」も見せれば、完璧です。

スマホの画面に表示されているものを、そのまま写真に撮ることを「スクリーンショット」といいますが、**不具合が起きたときの画面を撮っておくと、有力な手がかりになります。**

スクリーンショットの画像は、Ａｎｄｒｏｉｄは「フォト」や「アルバム」、ｉＰｈｏｎｅは「写真」の中に自動で保存されます。

１６６ページでお話ししたような、**不審なメッセージが届いたときにも、スクリーンショットで画面を保存**しておくのがおすすめです。それを家族や友人に見せて「これどうすればいい？」と相談するときに役立つからです。

家族にスマホの質問をするときは、ぜひ３つのステップを意識して、聞いてみてください。

また、**もしこの本を読んでいるのが、お子さんやお孫さんであれば、同じく３つのステップで手がかりを引き出すように質問してみてください。**

こうすれば、お互いにいらぬイライラで、ストレスを感じることもなくなりますよ。

「スクリーンショット」の撮り方

画面に表示されているものを、そのまま写真に撮れる

**見ている画面をそのまま写真に収めることを、スクリーンショットといいます。
突然現れる意味のわからないメッセージや、判断に迷う画面表示の
スクリーンショットを撮っておけば、誰かに質問するときに役立ちます。**

Androidの場合

①撮影したい画面を表示し、スマホの電源ボタンと音量を下げるボタンを同時に押す。

ボタンの場所は機種により異なるので、自分のスマホの電源ボタン、音量調整ボタンの位置を確認

②スクリーンショットが撮影できる。

③撮影されたスクリーンショットはホーム画面の【Googleフォト】(または【アルバム】、【ギャラリー】)で確認できる。

音量を下げるボタン

電源ボタン

不審なメッセージ、ネットで申し込んだ画面の記録、どれを選んでいいかわからなかったメニュー、今度質問しようと思っている画面など、スクリーンショットの撮り方を覚えていたら利用シーンが広がります。写真と同様、必要がなくなれば削除できるので、ぜひ気軽に利用してみてください。

ボタンを同時に押すタイミングが合わないと、画面が暗くなります。スクリーンショットの撮影には多少の慣れが必要です。

iPhoneの場合

①撮影したい画面を表示し、iPhone本体右側のボタンと音量を上げるボタンを同時に押す。
丸いホームボタンのあるiPhoneの場合、本体右側のボタンとホームボタンを同時に押す。

②シャッター音がして、スクリーンショットが撮影できる。

③撮影されたスクリーンショットはホーム画面の【写真】で確認できる。

ホームボタンのある
iPhone の場合

第4章

いつも手のひらにスマホを

世代を超えて「すごい！」を共有できるのがスマホ

「増田先生に教えてもらった方法で描いた絵を、孫娘の誕生日にプレゼントしたら、孫からも娘からも、『すごい！』って、とても驚かれたんですよ」

先日、70代のAさんが、そんなうれしい報告をしてくれました。「**スマホでイラストを描いてみよう**」というレッスンに参加してもらった、数日後のことです。

世間で話題になっている**人工知能**（AI）に、スマホで「平安時代　お姫様　月　切り絵風」などとお願いする呪文（正確には「プロンプト」といいます）を入力すると、勝手にイラストにしてくれる無料アプリを使った授業でした。

「孫もやりたいっていうから、教えてあげたわ」と生徒さんもちょっと誇らしげ。スマホという、今やほとんどの人が持っている共通の道具なので、「自分もやりたい！」と思ってもらえますし、その場ですぐに教えられますよね。

世代を超えて「へー！」とか「わー、すごい！」という感動を共有できるこの瞬間が、私はとても好きです。

ＡＩなんて、現役でバリバリ働いている若い人のもの、自分とは関係がないと思われるかもしれません。でも、実際にはこうして何歳でも関係なく使えて、毎日がちょっぴり楽しくなるものなのです。

さらに、**ＡＩはあなたの相談相手にもなってくれます。**

有名なＡＩのサービスに、アメリカのＯｐｅｎＡＩ社の「ＣｈａｔＧＰＴ」（チャットジーピーティー）があります。

ある70代の女性は、愛猫を失くして落ち込んでいる友だちへ出すお悔やみのメッセージの文面を、ＡＩに相談しました。

「**なんとかして慰めたいけど、なんと言っていいかわからなくて……**だから、ＣｈａｔＧＰＴに、友だちの名前は春子さん、亡くなった猫の名前はミャー、18歳。春子さんに送る慰めと励ましの文面を300字で考えてほしい、って相談をしました」

すると、**画面上にスラスラと手紙の文面が出てきて、とても助かったそうです。**お悔やみの文章を「検索」すると、検索結果が示されますが、その一つひとつをご自分で見ていく必要があります。

一方、ChatGPTはあなたの希望を聞いて、具体的な内容を質問すれば、より具体的にこんなのはどうですか？　と文章で答えてくれます。

いつまでも若く見える人がやっていること

若い頃だったら、新しいことを1回聞けば覚えられたのに、年齢とともに覚えるのに時間がかかったり、覚えたと思ったらすぐに忘れてしまったり。

だから覚えること自体がおっくうになってしまったり、せっかく覚えたことが変わるとなると、とてもめんどうに感じたり。

これらは、加齢による脳機能の低下が原因であって、自然なことのようです。
ところが、この真逆をいく「**新しいことが大好きなシニアたち**」が存在しています。80歳以上でありながら、50代、60代と同じか、それ以上に「脳が若い」ことが科学的に証明されている、「**スーパーエイジャー**」と呼ばれるシニアたちです。

通常、年齢を重ねるにつれて脳は萎縮しますが、彼らの脳萎縮のペースは50代、60代の人よりも遅いため、認知症リスクが低く、脳の情報伝達に働く細胞の数も通常の人より多いことがわかっています。つまり、**同年代の人に比べて、記憶力がずっとキープされているということです。**

そんなスーパーエイジャーたちに共通する特徴があります。

①明るくて前向き
②常に新しいことを学んでいる
③人付き合いが活発

専門家の研究によると、スーパーエイジャーはシニア全体の1割ほどしかいないことがわかっています。かなり少数派ということですよね。

しかし、私は毎日のように、たくさんのスーパーエイジャーの方たちとお付き合いしています。なぜなら、私の教室の生徒さんたちは、先の3つの特徴をすべて持っている方ばかりだから。

そして、今やあなたも、その仲間入りです。

「気になる！」「やってみたい！」と、スマホで常に新しい情報を取り入れて、若い世代とも共通の話題で会話が楽しめて、オンラインで友だちとの交流を活発に続けている。

あなたはまさに、スーパーエイジャー！

今まで数多くの経験を重ね、人生の酸いも甘いも知りつくしたあなたが、これだけ新鮮な驚きに出会えるのは、まさにスマホだけでしょう。

なにしろ、スマホを取り巻く業界では、世界中の最高の頭脳の持ち主たちが、次から次へと新しいことを生み出しているのです。昨日できなかったことが、今日にはできるようになっている。そんなすごい時代に私たちはいるのです。

スマホに関しては人生経験豊富な70歳、80歳、90歳の方でも、「聞いたことがない」、「やったことがない」ことであふれています。

「定年退職したら、やることがなくて暇で……」なんておっしゃっていた方が、「スマホを使い始めたら、新しいこと、おもしろいこと、知りたいことがどんどん出てきて時間がないくらい」と変わっていく様子をたくさん見てきました。

年齢を重ねると、体力や健康面からどうしても行動範囲は狭くなってくるもの。でも、出かけられなかったとしても、スマホが1台あれば、手のひらに知りたいこと、やりたいことを呼び出せる。家にいたまま、社会とつながり続けることができる。そんな時代になりました。

スマホの電源は消さない。いつもONにしておく

今からお伝えする四文字の漢字を、しっかり覚えてください。それは、

安否確認
情報収集

この2つです。そしてこれを、**災害時に思い出せるようにしてほしいのです。**

災害時、**シニアの方の多くは「探される側」**です。だからこそ、自分のほうからたったひと言「無事だよ」と伝えられたら、相手はどんなに安心するでしょうか。

また災害時は、今どんな状況になっているのか、自ら情報収集をしなければいけません。どこに避難したらいいのか、危険はまだあるのか……**その情報が、生死を分け**

ることになるかもしれません。

これら2つのことを可能にするのが、スマホです。

「今、もし大地震が来たら、真っ先にスマホを持って逃げてください！」

私はいつも、生徒さんに口酸っぱくそうお伝えしています。なぜなら、スマホは電話はもちろん、**テレビにも、ラジオにも、懐中電灯にも、地図にもなる**という、まさに十徳ナイフ並みに万能な「十徳スマホ」だからです。

停電したらテレビも見られないし、電話もつながらなくなります。そんなときでも**スマホがあれば、ネットやSNSで情報を集めたり、安否を知らせたりできます。**

実際、2024年の始めに起こった能登半島地震のとき、X（エックス）には被災者やその地域の自治体が発信する情報が、途切れることなく次から次へと投稿されました。安否を知らせるもの、避難先の知らせ、救助要請など、まさにリアルタイムの情報であふれたのです。

とはいえ、災害時に頼りになるスマホも、**バッテリーが切れたらなんの役にも立ちません。**非常時ですと、誰かにスマホを借りることは難しいでしょうし、停電していたら充電することも不可能です。

ですから、**持ち運びのできるスマホ用充電器である「モバイルバッテリー」を必ず常備してください。**そして、いざというときすぐに使えるようにしておくこと。外出時は充電用ケーブルとセットで常に持ち歩くことを習慣にしておきましょう。

私は地震警報があるたびに、「モバイルバッテリーの充電はお済みですか?」と生徒さんたちへ一斉にメッセージを送っています。(「先生、くどい」と思われても、です)

ときどき、「寝るときにはスマホの電源は切っています」という方がいるのですが、それもまた防災上、おすすめできません。**電源が切れていては、緊急速報を受信することができなくなってしまいます。**

「スマホは常時電源オン」。使っていないときは自動的に暗くなる、そういう使い方でかまいません。

スマホの背中についたライトがピカッと光る

スマホを「懐中電灯」にする方法

Androidの場合

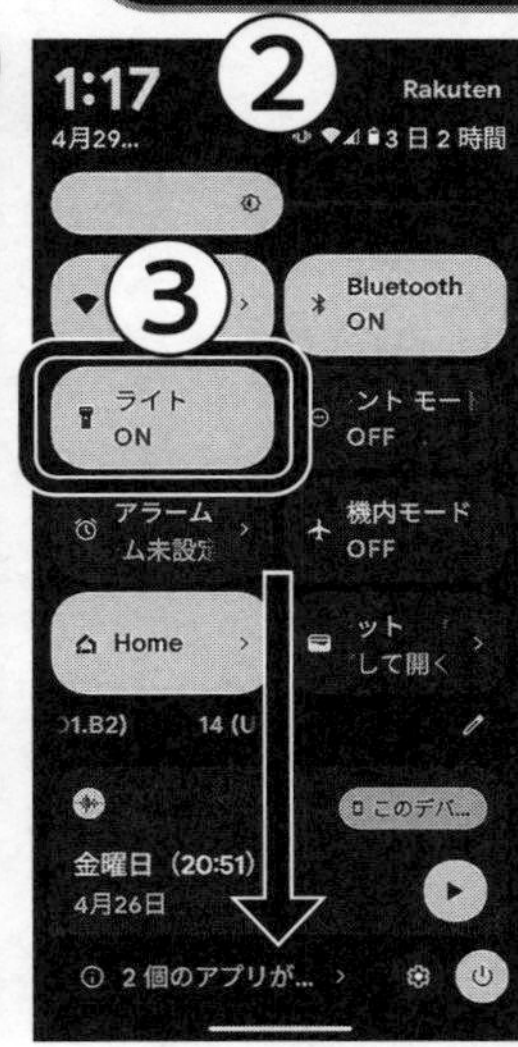

①スマホの上部から指をゆっくり下に動かす。

②よく使うメニューが集まっている【クイック設定】の画面が表示される。

③【ライト】をタップしてオンにすると、スマホ背面にあるライトがつく。

【ライト】が見つからないときは、さらに画面を下げる

※消すのを忘れずに

iPhoneの場合

①iPhoneの上部右から指をゆっくり下に動かす。

ホームボタンのあるiPhoneは画面下から指をゆっくり上に動かす

②よく使うメニューが集まっている【コントロールセンター】が表示される。

③【フラッシュライト】をタップしてオンにするとスマホ背面にあるライトがつく。

※消すのを忘れずに

いつも手のひらにスマホを

「最近の若い人は、いつ見てもスマホをいじっていて……しょうがないねえ」

そう苦々しく思っているシニアの方も、少なくないでしょう。

しかし、私は**シニアの方にこそ、「いつも、スマホを手にしていてほしい！」**と思っています。

なぜなら、**いつも手にしているものでないと、いざというときに「あれを忘れないようにしなきゃ！」とは思えないから。**

いつも意識の中にあるものでないと、災害時「持って逃げよう」とはなりません。

モバイルバッテリーも同じです。

たとえ持って逃げたとしても「日頃、電話やメールくらいしか使っていない」となると、懐中電灯をつけたり、ＳＮＳで情報を集めたり、ラジオを聞いたりといった災害時に活かせるスマホの使い方なんて、思いつくはずもありません。

災害という緊急時では、教えてくれる人を探すことも、操作を一から覚えることも難しいでしょう。それは他の道具と同じです。包丁を日頃から使っていない人が、急にその日に使えるようになるかといえば、無理ですよね。

だからこそ、**平常時からスマホを楽しく使ってどんなことができるのかを知り、実際に試してみて、慣れておいてほしい**のです。

道具は使えば使うほど、手になじんでいきます。スマホも同じ。使うほどに愛着がわいて、あなたの大事な相棒になっていくはずですよ。

Profile

増田由紀（ますだ・ゆき）

スマホ活用アドバイザー。「パソコムプラザ」代表。デジタル推進委員。2000年から千葉県浦安市でシニアのためのスマホ・パソコン教室を運営、2020年より完全オンライン教室に移行。「"知る"を楽しむ」をコンセプトに、これまで1万5000人を超えるシニア世代に、スマホの魅力と使い方を指導。シニア世代でもわかりやすいスマホの解説には定評があり、自治体や企業主催のセミナーで講師を務めるほか、新聞や雑誌でも活躍中。YouTubeチャンネル「ゆきチャンネル」では、スマホの操作法のコツを多数配信。著書に『いちばんやさしい60代からのiPhone』『いちばんやさしい60代からのAndroidスマホ』（日経BP）などがある。

世界一簡単!

70歳からのスマホの使いこなし術

発行日　2024年 6 月 14 日　第 1 刷
発行日　2024年 12 月 18 日　第 27 刷

著者　増田由紀

本書プロジェクトチーム
編集統括　柿内尚文
編集担当　福田麻衣
デザイン　鈴木大輔、仲條世菜（ソウルデザイン）
編集協力　木村直子
イラスト　古谷充子
DTP　白石知美、安田浩也（システムタンク）
校正　株式会社鷗来堂

営業統括　丸山敏生
営業推進　増尾友裕、綱脇愛、桐山敦子、相澤いづみ、寺内未来子
販売促進　池田孝一郎、石井耕平、熊切絵理、菊山清佳、山口瑞穂、吉村寿美子、矢橋寛子、遠藤真知子、森田真紀、氏家和佳子
プロモーション　山田美恵

編集　小林英史、栗田亘、村上芳子、大住兼正、菊地貴広、山田吉之、大西志帆、小澤由利子
メディア開発　池田剛、中山景、中村悟志、長野太介、入江翔子、志摩晃司
管理部　早坂裕子、生越こずえ、本間美咲
発行人　坂下毅

発行所　株式会社アスコム

〒105-0003
東京都港区西新橋2-23-1　3東洋海事ビル
TEL：03-5425-6625

印刷・製本　日経印刷株式会社

Printed in Japan ISBN 978-4-7762-1352-9